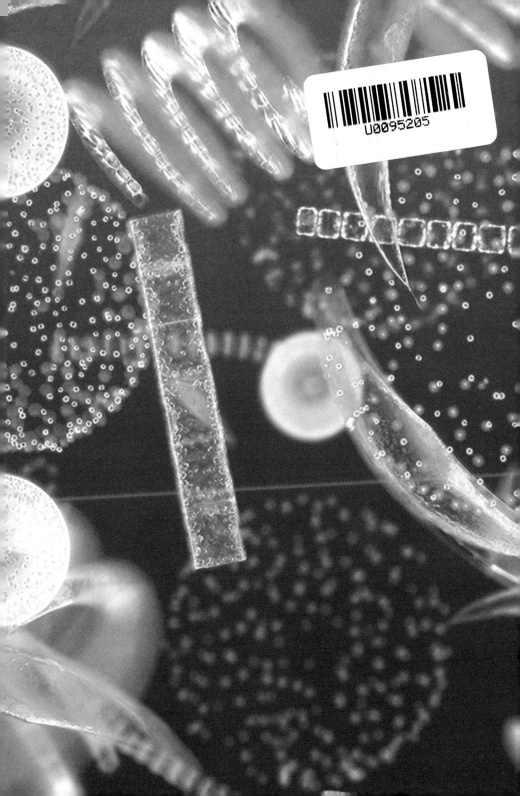

THiNKr

新思

新 一 代 人 的 思 想

LIVING PLANET

THE WEB OF LIFE ON EARTH

生生不息的
地球

[英]　大卫·爱登堡　著　　邹玥屿　译

中信出版集团｜北京

图书在版编目（CIP）数据

生生不息的地球 /（英）大卫·爱登堡著；邹玥屿
译 . -- 北京 : 中信出版社 , 2024.1
书名原文 : Living Planet : The Web of Life on
Earth
ISBN 978-7-5217-6122-1

Ⅰ. ①生… Ⅱ. ①大… ②邹… Ⅲ. ①生态系－普及
读物 Ⅳ. ① Q14-49

中国国家版本馆 CIP 数据核字（2023）第 213323 号

生生不息的地球
著者：　　　［英］大卫·爱登堡
译者：　　　邹玥屿
出版发行 : 中信出版集团股份有限公司
　　　　　（北京市朝阳区东三环北路 27 号嘉铭中心　邮编　100020）
承印者：　　北京盛通印刷股份有限公司

开本 : 880mm×1230mm　1/32　　印张 : 10
字数 : 205 千字　　　　　　　　　插页 : 32
版次 : 2024 年 1 月第 1 版　　　　印次 : 2024 年 1 月第 1 次印刷
京权图字 : 01-2023-5832　　　　　书号 : ISBN 978-7-5217-6122-1
定价 : 78.00 元

目 录
CONTENTS

前言

本书脱胎于英国广播公司（BBC）的系列节目。同时，这本书和这一节目也是一个名叫《生命的进化》的早期系列节目及同名出版物的续篇。当时的项目试着描述了过去 40 亿年里动植物在这个星球上发展和演化的方式，溯源不同动物种群的崛起——距离现在最近的是哺乳动物的扩张和人类的出现。

这本书考察的是现状。它研究古老种群的幸存者和新近演化而来的物种代表，以及它们如何共同"殖民"并适应了地球上各种各样的环境。这两个系列的叙述虽然可能在某些地方略有交叉，但动植物的种类何其丰富，我在本书各章节的写作中基本不需要重复之前书中描述过的物种。

我保留了以往的风格，尽量避免使用专业的科学术语，也没有用拉丁学名来增加阅读负担。

这本书的写作与节目拍摄是同时进行的。因此，本书并不是节目的直系产物。两者更像表亲，诞生于同一项研究和同一段延续多年的旅行。所以你可能会发现它们就像所有的表亲一样，既有差异也有相似性。我希望它们是彼此增益的。

引言

卡利甘达基河流经世界上最深的峡谷。如果你在尼泊尔，站在咆哮的乳白色河水边，向喜马拉雅主山脉那边的河流上游望去，你会觉得这条河仿佛是从几座雪盖冰封的高山之巅从天而降。其中最高的是道拉吉里峰，海拔超过 8 000 米，是世界第五高峰[1]。它的近邻安纳布尔纳峰的山顶与它相距仅仅 35 千米，且海拔略低一些。你很可能会推测这条河的源头就在山的近侧，也就是这个由岩石和冰雪构成的天堑的南坡。其实不然。卡利甘达基河自两峰之间穿过，河床与峰顶的垂直距离达 6 000 米。

几百年前，尼泊尔人就知道这个山谷是一条能够横穿喜马拉雅山脉到达西藏的通路。夏天里，几乎每天都有骡队在蜿蜒的石头小道上艰难前行，红色的马毛饰物在骡子肩胛两边一抖一抖，长绳上缀着的红色绒球在驮鞍上方来回摆动。大包的大麦、荞麦、茶叶和布匹被这样运进西藏，换取成捆的羊毛和盐饼。

山谷的最低处温暖潮湿，人们可以在这里种植香蕉。这片森林

1　现今数据显示，道拉吉里峰是世界第七高峰。——译者注

就像热带丛林一样繁茂肥沃。在奇旺国家公园和瓦尔米基老虎保护区，犀牛大口咀嚼着茎叶肥厚的植物，老虎潜行在竹海中。沿着山谷往上走，你所看到的植被种类就开始发生变化了。到达海拔 1 000 米高度时，你能看到杜鹃，有的杜鹃可以长到 10 米高，树干粗糙，叶子宽阔光滑。4 月间，大片大片绯红的花朵像瀑布一般垂挂下来。美丽的花朵引来了小巧的太阳鸟，它们前胸斑斓的羽毛在阳光下闪闪发光，它们将弯曲的喙探入花朵深处啜饮花蜜，热心地在树与树之间传播花粉。长尾叶猴也会来，但行事如土匪，它们大把大把地把花揪下来，囫囵地塞进嘴里。地上生长着兰花、鸢尾、喇叭形的疆南星和报春花。阳光穿透树冠，温暖了巨石，这时也许可以碰到小蜥蜴在上面晒太阳。在森林深处，你可能得以一瞥世界上最美丽的鸟类之一——角雉——在地上觅食或者在树上栖息。这是一种和火鸡一般大小的野鸡，喉下长着亮蓝色的肉裾，深红色的羽毛上点缀着一串串白色斑点。

充沛的雨水创造了这片森林，也守护着它的繁荣。从印度大陆吹来的季风，使云层在山谷中盘旋。随着海拔的升高，云层的温度变得越来越低，不再能承受大量的水分，于是暴雨倾泻而下。卡利甘达基河的下游因此成为地球上水源供给最为充足的地点之一。

但这片森林也有界限。当你爬到海拔 2 500 米的时候，这次轮到杜鹃消失于视野，只有荫蔽的斜坡上散落着小片树丛。取而代之的是针叶树——喜马拉雅冷杉和不丹松。它们的叶子不像杜鹃的叶子那样宽，杜鹃的叶子会接住雪，有时会在雪的重压下折断。但长而坚韧的针叶可以抖落雪花，并且能耐受极低的温度。在针叶林里，如果非常走运，你可能会看到小熊猫，长着与狐狸相似的棕色被毛，有黑色环形图案的毛茸茸的尾巴，头顶夹杂着灰白毛，四肢并用地穿梭在树枝间，找寻鸟蛋、浆果、昆虫或老鼠。它在白雪覆盖的地面和湿滑的树枝上走得相当稳当，脚底覆盖着的绵密的毛让它能够牢牢地抓握。

再走个半天，你就从针叶林里出来了。当你离开这片森林，所有直接或间接依靠针叶林获取庇护和食物的鸟类和哺乳动物也就留在了你身后。岩石覆盖的山坡上现在除了一些草丛和偶尔出现的几簇鼠李或杜松外，几乎没有什么别的植被了。河流缩小了，现在是一条从碎石滩上淌过的浅溪。但是山谷仍然阔大，底部宽逾1 000米。一年中的任何时候这条河都不会涨水，因为这里几乎没有雨水补给，大部分降水都发生在海拔更低的地方。这是卡利甘达基河的头号谜题：这样相对较小的一条河流，怎么切割出了这样巨大的山谷？

这个高度已经罕有野生动物出没了。这里对任何蜥蜴来说都太冷了，也没有足够的食物供叶猴生存。事实上，除了飞过的红嘴山鸦或渡鸦，还有在高处巡视着山坡的秃鹫，你可能走上一整天都看不到其他任何生物。然而，它们的存在是一个确切的信号：这里还存在其他动物。没有它们，秃鹫就会饿死。因此，一定有啮齿动物如旱獭或鼠兔，躲在岩石之间的某处，小心地啃食着碎石坡上稀疏的草和苔藓。但是，这里的草地非常贫瘠，只能为极少的动物个体提供生存所需，能够在这里生存下来的物种本身也非常稀有。如塔尔羊，既不是绵羊也不是山羊，但亲缘上与山羊的关系略近一些。捕捉它们的掠食动物——雪豹，则更为罕见。雪豹是最为优雅美丽的猫科动物之一，厚厚的奶油色皮毛上夹杂着灰色的玫瑰状斑块，脚掌上的毛发垫能保护它们免受糙石和寒冷天气的伤害。冬季，它会撤退到下面的森林中，而在夏季，它可能会漫游到海拔 5 000 米的高处。

虽然这里很少下大雨，但风几乎不停，寒冷刺骨，如刀割面。你已经爬到了海拔近 3 000 米处，如果你是从山谷下游出发的，走了这些天，你肯定已经感受到空气的稀薄。寒意侵入肺腑，虽然胸部剧烈起伏，但你仍然觉得喘不上气。可能还伴有头痛，以及一阵阵袭来的恶心反胃。休息上几天，人也许就能适应，最严重的症状会消失，但是你的耐受程度永远无法与那些与你一同上来的伙伴相比——比如骡子，还有那些住在高海拔地区的居民。

即使是骡子在这样的高度上也非常吃力。高地村民会豢养一种更强壮的驮畜——牦牛。从前野生牦牛成群结队徜徉在青藏高原上。现在它们已被驯化，能够负重和犁地。它的被毛厚重而温暖，夏天的几个月里，牦牛得褪掉大部分的毛才能避免中暑。它长期在高海拔地区生存的能力也比除人类以外的任何大型哺乳动物都强。在这里，山谷忽然间打开了。就在几天前，你透过杜鹃树冠里的缝隙瞥见过在几英里[1]以上矗立着的安纳布尔纳峰和道拉吉里峰。现在它们

---

1 1 英里≈1.6 千米。——编者注

如同闪光的白色金字塔一样的顶峰已经被你甩在了身后。雪幕已经降下了，地平线横亘着一抹棕色。那就是高耸、干燥、半冻土的青藏高原。你已穿过了世界上最雄伟的高原。

现在，卡利甘达基河的另一个非同寻常的特征凸显了出来。它似乎流错了方向。毕竟河流一般都从山上发源，沿着山坡向下，这个过程中会有支流汇入，然后继续向下流进平原。卡利甘达基河则相反。它发源于青藏高原的边缘，而后一头扎进了群山。它蜿蜒着、迂回着穿过两侧越升越高、峭壁绵延的山脉向下流淌。找到了穿过群山的合适路径后，它到达了一个相对平坦的地域，在那里它与恒河交汇，流向大海。当你站在它的源头，在俯瞰山谷的山崖上用眼睛追踪它所流经的路线，看着它银蛇似的没入远处的山脉，你会觉得不可思议：一条河居然能这样在群山中间刀削斧劈一般切出自己的道路。那么，它怎么走了这样一条路呢？

答案的线索就在你脚下，散落在碎石当中。这里的岩石是一种易碎的砂岩，里面埋藏着成千上万个螺旋状的贝壳。大多数只有几英寸[1]宽，也有些像车轮一样大。这就是菊石。没有菊石存活至今，但它们曾在一亿年前大量繁衍生息。从它们的解剖结构和带有菊石化石遗骸的岩石的化学成分来看，它们肯定是生活在海洋中的生物。然而，在这里，在亚洲中部，这些菊石不仅离大海有 800 千米之遥，所在之处也高出海平面约 4 000 米。

1　1 英寸 =2.54 厘米。——编者注

20世纪中叶之前，这一切是如何发生的依旧是地质学家和地理学家争论的话题。这一时期，大致的解释框架被推导出来，从此再鲜有争议。在南边的印度大陆和北边的亚洲大陆之间，曾经有一片辽阔的海洋。那就是菊石生长的地方。流经两大洲的河流带来了厚厚的沉积物。菊石死后，贝壳落到海底，被新注入的淤泥和沙子覆盖。但是海洋越来越窄，一年又一年，一个世纪又一个世纪，印度大陆不断向亚洲大陆靠拢。接近的过程中，海底的沉积物被挤压、形成褶皱，海水越来越浅。印度大陆继续前进。沉积物被压实，成为砂岩、石灰岩和泥岩，上升形成丘陵。海拔高度上升得非常缓慢，但亚洲一些向南流动的河流已经无法在前方上升的斜坡上维持原有的河道。河水转头向东，避开了新生的喜马拉雅山脉，最后汇入雅鲁藏布江。但是，卡利甘达基河的力量足够切开上升的软质岩层，并且追上了岩层上升的速度，形成了巨大的悬崖。现在，褶皱的地层构造在山谷的两侧全部清晰可见。

这个过程持续了数百万年。西藏曾经是亚洲南部边缘一片湿润的平原，经过大陆板块的碰撞，不仅地势被推高，而且被年轻的山脉逐渐拦截了降雨，变成了今天的高寒大漠。卡利甘达基河的上游失去了曾经赋予它侵蚀力的大部分雨水，在宽阔的山谷中萎缩了。现在，古海洋所在之处矗立着世界上最高和最年轻的山脉，它们在构造中留下了菊石的遗迹。这个过程仍然没有停止。印度大陆还在以每年约5厘米的速度向北移动，喜马拉雅山的峰顶每年也会增高几毫米。

这一海洋向陆地的转化始于约6 500万年前。这对我们智人这个出现不足 50 万年的物种来说显得无比久远，但就整个生命史而言，这是一个相对较新的事件。毕竟在大约 6 亿年前就有一些简单的生命在远古的海洋中浮游，而两栖动物和爬行动物登上陆地也已有 2 亿多年。随后的几百万年里，鸟类长出羽毛和翅膀，飞上天空，哺乳动物大约在同一时间进化出了皮毛和温血。6 600 万年前，非鸟类恐龙在一场大灾难中灭绝，鸟类和哺乳动物终于占据了陆地上的主导地位，并保持至今。因此，5 000 万年前，当印度这个岛屿大陆靠近亚洲大陆时，我们今天所知道的几乎所有主要动植物群体都已存在，其中的主要种类也已经分化出来。虽然每块大陆都有各自丰富的动植物种群，但印度大陆在爬行动物衰落后不久就成为一个孤立的巨大岛屿，它上面的高等动物群体相较于亚洲其他地方无疑是匮乏的。大约 4 000 万年前，这两个大陆终于相遇，新的山脉开始崛起，两个古大陆的动植物随即开始开疆扩土。

当时，亚洲的一部分为丛林所覆盖，就像现在一样，其中动植物在新生山脉南坡海拔较低的山麓找到了适合它们生存的条件。但是山麓之上是一个海拔比亚洲大陆或印度大陆任何地方都高的新区域。为了在这块空地上定居，生物必须改造自己。有时所需的调整很小，来自温暖平原的叶猴为了进入寒冷的杜鹃林去采集叶子和果实，只需长出稍厚的皮毛来保暖。食草动物，例如塔尔羊的祖先也做出了类似的改变。和低地豹来自同一祖先种群的雪豹不仅长出了更加厚实的皮毛，颜色也变得更浅，以使自己在灰色的山坡或雪地上不那么显眼。雪豹还改变了饮食习惯，从能在丛林中逮着的羚羊和野牛换成了塔尔羊和旱獭等较小的猎物。海拔高度对欧亚兀鹫这样的鸟类来说没有任何问题。它们习惯飞到很高的地方，因此只要下面有动物可以捕食，它们就可以轻松地冲下巨大的山谷。

大约在 5 万年前，人类到达这里，森林及栖息于此的生物已经存在很久了。向山谷上方迁徙的过程中，人类也开始对新环境做出应对。与其他动物不同，人类不必完全依靠生理变化来保护自己免受寒冷。人类凭借特有的智力和技能，为自己制作了温暖的衣服，还学会了使用火。但人无法制造出应对空气中氧气缺乏情况的工具，只能通过他们身体的生理变化来调节。于是改变就发生了。如今，在高原上生活的人血液中的血细胞比生活在低海拔地区的人多30%，能够携带更多的氧气。生活在青藏高原的人拥有这种血液的特定遗传适应性，似乎是在遥远的过去通过与某一人类种群——已经灭绝——混交而获得的。他们的胸腔和肺部都格外大，每一次呼吸都能比习惯在低海拔地方生活的人吸入更多的空气。但他们也尚未完全适应山脉的最高海拔。在 6 000 米以上生活的妇女不能生育，由于空气稀薄，她们无法通过呼吸为血液带来足够的氧气，因而维持不了子宫内婴儿的生长。

喜马拉雅山的造山运动和随后动植物进入的故事，只是我们星球各处不断发生的许多变化中的一例。山峰在被制造的同时也在被冰川和河流侵蚀。河流淤塞，改变了河道。湖泊被沉积物填满，变成沼泽，再成为平原。印度大陆也不是唯一一个在地球表面漂移的大陆。所有大陆都一样，在漫长的地质年代中融合又分裂。当大陆改变位置，向赤道或两极移动时，丛林可能会变成苔原，草原可能会成为沙漠。阳光、海拔、降雨量和温度等每一个物理变化，都会筛选出经历这种变化的动植物群落中现有的变异性，从而逐渐改变种群的形态。有些生物会适应并生存下来，没有适应的物种则会消失。

相似的环境导致相似的适应，世界不同地区演化出来的、来自不同祖先的不同的动物，彼此之间也存在明显的相似之处。在安第斯山脉的山坡上，生活着羽毛鲜艳的小鸟，以大花朵为食，看起来很像喜马拉雅山的太阳鸟，但它们属于完全不同的鸟类家族；安第斯人使用的被毛厚重、行路稳当的驮兽是美洲驼，这是一种骆驼，而喜马拉雅牦牛是一种牛。

在相当长的一段时间里，只有两种主要的环境在物理上保持了不变——丛林和海洋。但对这两种环境而言，随着大陆的移动，承载热带丛林的陆地也发生了变化，而大陆的分裂和融合也改变着温暖浅海的范围。此外，这些环境中的生态条件也随物种进化发生了改变，有些发生在内部，有些跨越了生态边境，给原有居民带来了新的生存挑战。

由此，地球上几乎每个角落——从最高处到最低处，从酷热到极寒，从水上到水下，都拥有了相互依存的动植物种群。适应性使得生物体能够在我们星球上的不同地方尽可能广泛地扩散，这就是本书的主题。

第一章

地球的熔炉

THE FURNACES OF THE EARTH

造就喜马拉雅山和地球上其他山脉的巨大力量，作用起来十分缓慢，我们的眼睛通常无法察觉。偶尔，这样的力量也会喷薄而出，用这个世界上最为极端的方式展示出来，于是大地震颤，天崩地裂。

如果从地面喷发山的熔岩是黑色且厚重的玄武岩岩浆，那么这个地带可能已经持续活跃了许多个世纪。冰岛就是这样一个地方。几乎每年都有各式各样的火山活动发生。熔岩从许多横贯全岛的巨大裂缝中飞溅出来。炽热的玄武岩块常常形成一种可怖的洪流，势不可当地在大地上缓慢推进。岩石冷却开裂时，会发出脆裂的声音。一个个团块接连从洪流前端滚落，轰隆作响。也有的玄武岩岩浆更接近液态，甚至形成一个火焰喷泉，边缘呈橙红色，中心是刺眼的明黄色。有些火焰喷泉能够向空中喷射 50 米高，伴随着持续的轰鸣声，就像一个巨大的喷气发动机。喷口周围是四溅的岩浆。岩浆泡沫被抛到火山羽流的上方，呼啸的风接住它们，将它们冷却，吹散，给远处的岩石覆盖上灰色的、尖锐不平的砂层。如果从上风方靠近，大部分热量和灰烬会被带走，这样即使你站在距离火山口50米以内的地方，脸也不会被烤焦——但只要风向一转，火山灰就会在周围簌簌落下，大团红热的岩浆块乒乒乓乓地落进雪地，发出嗞嗞声。这时你必须眼观四面，左右闪躲，小心不要撞上飞石。

冷却的黑色熔岩流从火山口向四周蔓延。行走在凹凸起棱、布满鼓包和坑洞的表面，你可以从裂隙里看到几英寸以下依然红热的岩浆。到处都是熔岩中的气体形成的巨大气泡，顶部很薄，靴子踩上去就咔嚓一声崩成碎片。如果除了这些警报之外，你还发现自己因为吸入无色无味的有毒气体而呼吸困难，那么最好不要再往前走了。但可能你已经离得很近了，能够看到最骇人的景象——熔岩河。岩浆凶猛地从喷口涌出，撑起一个颤抖的穹顶。涌出之物形成一股20米宽的急流，以惊人的速度沿着山坡俯冲，有时可达每小时100千米。夜幕降临后，这条无与伦比的猩红色河流周围的一切都笼罩在红光里。它炽热的表面冒着气泡，上方的空气因高温而颤抖。在距离源头几百米的地方，熔岩流的边缘已经冷却并开始凝固，猩红色河流的两侧出现了黑色岩石河岸。再往下，岩浆表层开始形成硬壳。但在硬壳下，熔岩依然涌动，还将继续往前行进几英里。玄武岩熔岩可以在相对较低的温度下保持液态，加上现在它周围的固体岩石就像墙壁和天花板一样成了隔温层，限制了热量的散逸。也许数天或数周后，喷口处的熔岩会停止喷发，而熔岩流继续向下流动，直到隧道全部排干，留下一个巨大蜿蜒的洞穴。这些被称为熔岩管的隧道内部可能高达 10 米，距离熔岩流的中心达数千米。在别处，类似过程也能产生这样的现象，在月球和火星上发现的熔岩管就是令人惊叹的例子。

冰岛是在大西洋中部纵向延伸的火山岛链中的一部分。往北是扬马延岛，往南有亚速尔群岛、阿森松岛、圣赫勒拿岛和特里斯坦－达库尼亚群岛。大多数地图其实都没有显示出整条岛链，因为其中一些火山仍在海平面以下喷发。它们都位于同一个巨大的火山岩脊上，它大致位于两侧大陆的中间，东侧是欧洲和非洲，西侧是美洲。从海脊两侧的海床采集的样本表明，位于软泥层以下的岩层是玄武岩岩浆，和火山喷发出来的那种一样。通过化学分析可以确定岩层年代，我们由此得知，离洋中脊越远，岩层就越古老。其实，洋脊火山正是海床的制造者，由此形成的海床沿着洋脊两侧缓慢向外展开。

产生这种运动的机制位于地球深处。地下 200 千米的深处是高温、软质的岩层。其下的金属地核温度更高，会在上层造成缓慢但幅度巨大的涌流。涌流沿着山脊爬升，向两侧流出，同时拖曳着玄武岩海床一起运动，就像拽着蛋挞皮一样。地壳上这些运动的部分被称为板块，大多数板块都托着一团团浮沫一般的大陆。

1.2 亿年前，非洲和南美洲还是一个整体，你可以从两者海岸线像拼图一样的吻合度中猜出来，大洋两岸岩石的相似性也表明了这一点。然后，大约 6 000 万年前，从这片超大陆之下涌出的热流形成了一系列火山。超大陆上出现了裂缝，逐渐分离成了两块。裂缝的标志就是今天的大西洋中脊。非洲和南美洲仍在渐行渐远，大西洋每年都会变宽几厘米。

另一条相似的洋脊从加利福尼亚向南延伸，形成了东太平洋的海床。第三条洋脊从阿拉伯东南部向南极延伸，形成了印度洋。正是这个洋脊东侧的板块把印度大陆从非洲一侧拖向了亚洲大陆。

地幔对流既然会向上运动形成洋脊，也必然会有向下的时候。一个板块与相邻板块相遇的前线，就是这一现象发生的地点。大陆相撞了。印度板块接近亚洲板块时，两大板块之间海底的沉积物被挤压、隆升，形成了巍峨的喜马拉雅山脉。因此这里的板块交界处隐藏在山脉之下。但在同一交界线的东南端，只有亚洲一侧存在大陆结构。因此，沿线地壳的脆弱性暴露得更加充分，其标志就是一条火山链，从苏门答腊岛穿过爪哇岛，一直延伸到新几内亚。

地幔对流把洋底向下拖曳，形成一条长长的深沟。它位于印度尼西亚岛链海岸以南。在玄武岩板块边缘下降的过程中，海水和大部分沉积物也一起下沉。这些沉积物来自被侵蚀的印度尼西亚陆地，此前一直在海底。这给地壳深处的熔岩引入了一种新成分，因此注入印度尼西亚火山的熔岩与大洋中脊产生的玄武岩岩浆有显著的不同，黏性要大得多。因此，它不会从裂缝中倾泻而出，也不会像河流一样涌动，而是在火山口处凝结。如此产生的效果就像给锅炉关紧了安全阀门。

历史上最为灾难性的火山爆发正是发生在印度尼西亚。1883 年，位于苏门答腊岛和爪哇岛之间的海峡中一个名叫喀拉喀托的小岛，只有 7 千米长、5 千米宽，开始冒浓烟。喷发的强度每天都在增加。附近航行的船只必须在海面漂着的巨大浮石中间寻找航路。火山灰雨点般地落在甲板上，帆缆之间尽是火光。一连多日，火山口不断喷出大量的火山灰、浮石和熔岩块，伴随着震耳欲聋的爆炸声。但喷出这些物质的地下腔室正在慢慢清空。8 月 28 日上午 10 点，下方熔岩已经提供不了足够支撑，腔室的岩石外壳承受不住海洋和海床的重量，它崩塌了。数百万吨海水落入熔岩室，浇在熔岩上，三分之二的岛屿也滚落其中。随后产生了巨大的爆炸，发出了可能是史上有记载的、地球上回荡过的最响的声音。远在 3 000 千米外的澳大利亚都听得清清楚楚。5 000 千米外的罗德里格斯岛上，英国驻军指挥官以为听到的是远处传来的枪声，因此带兵出海。现场卷起的狂风围绕地球呼啸了整整 7 圈，才渐渐停歇。最具灾难性的是爆炸在海上引发的巨浪。浪头到达爪哇岛海岸时，已经是一堵四层楼高的水墙。它轻巧地将一艘海军炮艇完整地送到内陆近 2 千米处，扔在一座山顶上。沿海地区一个又一个人口稠密的村庄被吞噬，超过 36 000 人丧生。

20 世纪最大的爆炸发生在太平洋的另一边，源于太平洋板块的东缘与北美西海岸的摩擦。同样，交界处只有一侧有大陆覆盖，因此板块接触沿线并没有进入海底深处。又因为大陆由比玄武岩轻的岩石组成，覆盖了向下俯冲的大洋板块，火山线于是从海岸向内陆推进了约 200 千米。同样地，上升的熔岩携带着沉积物成分，具备了制造大灾难的爆炸性。

1980 年以前，圣海伦斯火山一直以圆锥体一般优美对称的形状而闻名。山高近 3 000 米，终年积雪。1980 年 3 月，带着警告意味的隆隆声开始出现。水蒸气和烟雾从山顶升起，使雪山顶上布满了灰色条纹。整个 4 月间烟柱都没有断过。最不祥的是，山顶下约 1 000 米处的山脉北侧开始向外凸出，鼓胀的山体以每天约 2 米的速度增大。成千上万吨的岩石被推向上方和外侧。每天都有新的火山灰和烟雾从火山口喷出来。然后，在 5 月 18 日早上 8 点半，这座火山爆发了。

西北面约 1 立方千米的山体被直接炸飞。更低的山坡上，占地面积约 200 平方千米的松树、冷杉和铁杉被齐刷刷地放倒在地，就像火柴一样。山上升起了 20 千米高的巨大乌云。尽管住在火山附近的人很少，警告也已经多次发出，仍有 60 人在这次火山爆发中死亡。地质学家估计这次火山爆发的威力是摧毁广岛的核爆的 2 500 倍。

火山爆发后，没有什么生命能很快在山上安身。爆炸发生后，火山口岩石的残骸中将继续冒出水蒸气、烟雾和有毒气体，持续数周。也没有任何生物能够在大洋中脊火山喷发出的高温玄武岩熔岩流下生存。如果地球上存在完全无菌和无生命的所在，那么它一定就是这样的地方。但是，一旦地球深处的地幔对流稍微位移，火山熔炉的威力就会开始减弱。在后期阶段，垂死的火山通常不会再产生熔岩，只有滚烫的水和水蒸气。这些水一部分是原先就存在于岩

浆中的，另一部分则来自地壳中的天然地下水层，携带着溶于其中的多种化学物质。其中一些与熔岩一样来自地下深处，另一些则是当热水通过岩层涌向地表时，岩石中溶解出来的化学物质。其中包括氮和硫的化合物，通常其浓度可以让一些非常简单的生物体赖以生存。事实上，大约在 36 亿年前，地球上最早的生命形式可能正是在这种情况下产生的。

在那个遥远到无法想象的时期，地球还没有获得富氧的大气层，大陆的位置和形状与其目前的分布也毫无关联。火山不仅比今天的大得多，数量也多得多。那时的海洋，无论是由彗星的撞击形成的，还是由环绕这颗新兴行星的蒸汽云凝结而成的，温度都非常高，水持续从地壳深处的火山源头涌进海洋。复杂的分子在这些化学成分丰富的水中形成。最终，经过一段漫长的时间跨度之后，出现了微小的生命物质微粒。它们几乎没有内部结构，但能够将水中的化学物质转化为自己的组织，并进行繁殖。这些单细胞生物群体至多被看作细菌的同类。

今天的细菌有许多不同的种类，它们通过各种化学过程来维持生命，遍布陆地、海洋和天空。有些甚至仍然在火山环境中蓬勃生长，这些环境很可能与最初形成这些生命的环境是一致的。

2010 年，研究人员在北冰洋深处的一个火山热液喷口中挖掘出了泥浆，这种喷口有个戏剧化的名称：洛基[1]城堡。经过 5 年的钻研，

1　洛基，北欧神话中的火神。——译者注

研究人员在泥浆中鉴定出了一种形式独特的细菌——洛基古菌——的脱氧核糖核酸（DNA）。这些生物似乎处于各种单细胞生命形式的十字路口，在某些方面和所有多细胞生命的祖先十分类似。在不同的条件下，热液喷口区域还出现了复杂的生态系统。1977 年，一艘美国深海研究船正在考察科隆群岛南部山脊爆发的水下火山。在海面以下 3 千米处，他们发现了一些海底喷口，它们正在向海中喷出富含化学物质的热水。在这些喷流和喷口周围岩石的缝隙中，科学家们发现了大量以这些化学物质为食的细菌。这些细菌又成了巨管蠕虫的食物。有条件的话，这种蠕虫可以长到身长 3.5 米，体围 10 厘米。它们不同于迄今为止科学界遇到的任何蠕虫，既没有嘴巴也没有肠道，通过从尖端长出的羽状触手来进食，这种触手是一层很薄的皮肤，其中血管丰富，可以吸入细菌。由于这些生物生活在黑暗的海洋深处，它们无法直接利用太阳能。它们也无法从上方落下的动物尸体碎片中获得二手能量，因为没有长嘴巴。它们的食物只有细菌，而细菌又从火山水中获取营养。事实上，蠕虫很可能是世界上唯一一种完全从火山中获取能量的大型动物。

蠕虫旁边是 30 厘米长的巨型蛤蜊，同样以细菌为食。往上喷出的热水扰动了周围的海水，水流经过海底流向喷口，带来了有机质颗粒，这些颗粒会被一些聚集在蛤蜊和蠕虫周围的奇怪鱼类和盲白蟹吃掉，迄今为止，我们对这些生物仍然所知甚少。在这些海底火山喷泉之中，有着密集多样的生物群落在黑暗中繁衍生息。

地面上也有冒出来的温泉。温泉水部分来自遥远的地下水源，部分来自渗透到地下深处的雨水——被熔岩室加热后再顺着岩石的缝隙挤压出来，就像沸腾的水壶里的水顺着喷口升腾一样。有些情况下，由于这些通路特殊的结构，上升的过程是间歇性的。水在地下的小房间里积聚，在压力下沸腾，然后瞬间汽化，间歇泉的水柱就这样喷出了地面。有些情况下，水向上流动得更加有规律，然后形成一个深深的、不会干涸的水池。一些温泉水池是滚烫的，但在这样的温度下细菌也可以大量繁殖。与它们伴生的是稍高级的生物——蓝藻，虽然内部结构似乎并不比细菌复杂，但它们含有叶绿素。那是一种神奇的物质，可以通过一系列惊人的物理性质作用，将太阳的能量转化为化学物质，再生成生物组织，并在这个过程中释放出氧气。

这种生物可以在美国黄石国家公园的温泉中找到。在那里，藻类和细菌一起生长，形成一层铺在池底的、黏糊糊的绿色或棕色垫子。藻类也曾在海洋上层繁衍了数十亿年，将阳光转化为碳，最终形成了巨大的地下石油海洋，人类一个世纪以来一直燃烧利用着这片海洋。

这些垫子所在之处是温泉最热的地方，没有其他东西能在此处存活下来，但池水溢出形成溪流后，水温会稍微下降，所以其他生物就能站稳脚跟了。这里的藻垫很厚，厚到可以冒出水面。这个活水坝将水流引到其他没有遮挡的方向。水缓慢流过时会进一步冷却，成群的卤蝇聚集其上。如果藻类的局部温度低于40℃，卤蝇就会定居下来。其中的一些在藻类上交配并产卵，很快孵出幼虫，贪婪地啃食藻垫。等它们足够大了，就会化成蛹。但它们的努力其实给自己和后代带来了毁灭性后果，因为啃得越多藻垫就越脆弱。最后藻垫破开，水路畅通无阻，池中热水一下子涌出来，把残留的藻类一扫而空，也杀死了所有以之为食的幼虫。但是，孵化出的幼虫数量已经足以让卤蝇在这次挫败中幸存下来。下一个春天到来时，它们又会重复这一过程。

在世界上更寒冷的地区，威力减弱的火山可能不再是危险，而是避风港。在南美洲和东太平洋板块的交界处，造就安第斯山脉的火山链继续向南和向东延伸，进入南大洋，形成几个小巧的火山岛弧。别林斯高晋是南桑威奇群岛中的一座岛屿。汹涌暴烈的南极海洋切割了它的底部，在其一侧形成悬崖，悬崖像教科书一样清晰地展示了火山灰和熔岩的交替层，锯齿状的熔岩管曲折穿凿其间。浮冰环绕着它，就像给它穿了一条破烂的白裙子，陡坡上覆盖着大片毯子一样的白雪。成群的阿德利企鹅在白色阅兵场上列队行进。如果你穿过它们的队伍爬到火山顶部，你会看到一个 500 米宽的巨大裂口。火山口底部白雪皑皑，四壁突出的岩石上挂着冰凌。雪鹱——一种身披白羽的优雅鸟类，会在火山口边缘的峭壁上筑巢。但火山的烈焰并没有完全熄灭。有那么一两个靠着边缘的地方，水蒸气和其他气体仍然从裂缝中喷涌而出，空气中弥漫着硫化氢的恶臭味，巨石上覆盖着一层硫化物结成的明黄色的壳。通风口周围的地面触感温暖，因此，当极地的狂风几乎要把你撕碎时，尽管气味难闻，

这里仍然是一个舒适的地方。你脚下被雪包围的岩石上铺满了苔藓和苔类植物长成的郁郁葱葱的地垫。

整个岛屿上，只有这几块土地足够温暖，能让植物生长。像世界上的其他岛屿一样，这几个岛屿孤悬于大陆之外。南极大陆和南美洲的最南端相距约 2 000 千米，然而，风把简单植物的孢子广泛地散播到了世界各地的大气中，即使是在这样一个了无生机的岛屿上如此偏僻的区域，一旦条件合适，生命也能马上进驻。

不只是严寒地区的生物会利用火山热能，热带生物也找到了利用方法。从印度尼西亚到西太平洋区域都有分布的冢雉科鸟类发展出了极其巧妙的孵蛋方式。澳大利亚的斑眼冢雉是其中的典型。这种特殊的鸟在筑巢时会先挖一个直径大约为 4 米的巨坑，用腐烂的叶子填满，然后在上面堆上沙子。雌鸟在这堆沙子里挖出坑道，在里面产卵。随后雄鸟用沙子填满坑道，依靠植物腐烂产生的热量来保持蛋的温度。但雄鸟并不会就此放任不管了。相反，每天它都会回到沙堆边几次，把嘴伸进沙子——它的舌头非常敏感，能察觉到 0.1℃ 的温度变化。如果它认为沙子对蛋来说太凉了，便会堆更多的沙子；如果太热，就会把沙子刮走一些。最后，经过漫长时日的孵化，全身羽毛已长好的斑眼冢雉雏鸟挖开沙堆钻出来，轻快地溜走了。

斑眼冢雉在印度尼西亚苏拉威西岛上还有一个亲戚，名叫苏拉冢雉。这种生物将蛋产在滩头的黑色火山沙里。沙子是黑色的，能吸收热量，在阳光下温度能升高，足以孵化鸟蛋。一些苏拉冢雉离开海岸，定居在内陆火山的斜坡上。它们在那里发现了大片被火山蒸汽持续加热的土地。在那里，整个种群定期产卵。一座奄奄一息的火山就这样成了孵蛋器。

随着地壳板块的运动和地壳之下地幔对流的移动，火山最后可能会彻底死去。地面冷却，周围乡野里的动植物纷纷涌入，在刚刚形成的、贫瘠的石头上和被破坏的土地上定居。玄武岩熔岩流给这些新居民出了很多难题。其泡状表面异常闪亮光滑，完全存不住水，也没有什么缝隙能让幼苗探出根来。冷却后的熔岩流可能会在几个世纪内寸草不生。在世界上的不同地方，作为先锋率先入驻的开花植物种类也不同。在科隆群岛，植物群主要来自南美洲，扎下第一缕根须的植物通常是仙人掌。仙人掌特别擅长储存尽可能多的水分，一滴水都不放过，这样才能正常地在沙漠中生长，也能在黑色熔岩上炙热的高温下生存。夏威夷的先锋物种铁心木对水的储存则不那么重视。它会设法把根深深扎进熔岩流来收集水分。根系通常能找到一条通往空旷洞穴的路，也就是沿着大多数熔岩流的中心延伸的熔岩管。在那里，树根从洞顶悬垂下来，像巨大的棕色钟绳。雨水流经熔岩表面，顺着裂缝和根部往下，然后滴落到洞穴底部。远离让水分蒸发的阳光，水在这里汇聚成池，洞穴里一片黑暗潮湿的景象。

熔岩管是一个令人悚然的探险地。暴风雨和霜冻都无法触及，因此没有任何东西会侵蚀它的石壁和底部。它还是最后一滴熔岩流流出时的模样，底部的温度仍然烫到能把任何落上去的东西烤得焦黑。凝固的熔岩滴像钟乳石一样挂在洞顶。熔岩流覆盖着洞底，像是干了的粥。熔岩流在有些地方遇到了屏障，漫溢出来，留下一个凝固的瀑布。当一股突如其来的浪潮袭来时，地下熔岩河也会短暂上升，但冷却得格外快，在石壁上留下平滑的潮汐痕迹。

有一些生物是这种奇怪环境的永久性居民。在悬垂根上密密麻麻的细小根须里，有靠吃根系为生的几种昆虫，比如蟋蟀、弹尾虫和甲虫，而捕食它们的则是蜘蛛。但这些生物与那些和它们在同一个岛屿地面上生活的近亲并不完全一样，很多已经没有了眼睛和翅膀。一旦动物生理结构的某一部分丧失了功能，它的发育就是对身体能量的浪费。因此，珍惜资源的个体比起那些保留无用结构的个体就拥有了优势。就这样，经过一代又一代，无用器官趋于缩小并最终消失。另一方面，在黑暗的洞穴中，拥有长长的触角和腿是一个管用的长处，这样生物就可以探测到周围的障碍物或食物。而这些熔岩管生物也确实拥有超乎寻常的长长的腿和触角。

陆地上的火山喷发造成的荒地似乎比光滑的玄武岩熔岩流更容易定居，因为植物在火山灰或碎石状熔岩上生根并不困难。圣海伦斯火山一侧炸出的大片石漠很快就被植物收复了故地。灾难发生后的几个月里，在泥滩的角落和巨石的下面，少量蓬松的、依靠空气传播的种子开始聚集。其中许多来自柳兰家族，一种齐腰高的植物，有漂亮的紫色穗状花序。它的种子轻盈蓬松，可以乘风飘浮数百英里。在第二次世界大战期间的欧洲，柳兰在轰炸发生后的几周内就能生长出来，漂亮的色彩掩盖了破碎的砖石。在北美，这种植物被称为火生草，因为它是森林火灾后第一批出现在烧焦的树桩中间的植物之一。在被火山爆发摧毁的地方，柳兰同样也是颇有进取精神的进驻者。

没过多久，羽扇豆也来了，生长得欣欣向荣。虽然熔岩缺乏部分营养物质，但这些植物可以自己合成。可贵的是在破碎的山体的最上方，虽然食物几乎难以寻觅到，但动物们很快就回来了。不到一两年，飞航蜘蛛和某些种类的甲虫就能找到回到山顶陡坡的路，勉强依靠吃被风吹到那里的死昆虫碎片维持生命。在这层死去的节肢动物碎屑里，有飞蛾、苍蝇甚至蜻蜓，它们被意外地带来这里，也注定因为食物缺乏而早夭，却为后面的长期定居提供了基础。它们死后，身体的碎片随着种子一起被吹进各个裂缝和角落，并在那里腐烂，微小尸体里的营养物质埋进下面的火山灰中。这样种子一旦发芽，就能立即在下面找到一些营养元素。这里的火山灰已经不再是原本贫瘠、未经改造的状态了。现在，在爆炸发生40多年后，尽管伤疤仍然存在，但生命的迹象已经遍布山岭。动植物重返的速度之快，让研究该地区的科学家们惊喜交集。

喀拉喀托岛展示了生命的复苏可以多么充分和彻底。灾难发生50年后，一个喷着火的小火山口从海平面升了起来。人们称之为阿纳克火山，即喀拉喀托之子火山。它的周围已经长满了茂密的木麻黄和野生甘蔗。原先岛屿的一部分遗存，现在被称为拉卡塔岛，位于距离阿纳克火山一英里左右的海上。约150年前还光秃秃的山坡现在已被茂密的热带森林覆盖。在山上发出芽来的一些种子大概率是从海上漂流而来，也有一些是被风吹了过来，或者是被鸟爪甚至装在鸟肚子里带了过来。在这片森林里生活着许多有翅膀的生物——鸟类、蝴蝶和其他昆虫，它们从 40 千米外的大陆抵达岛上显然不难。蟒蛇、巨蜥和老鼠也来了，可能是乘着经常被热带河流冲下来的植物筏子漂过来的。但是，这片森林的年轻程度和之前发生过灾难的表征也十分明显。这里的树根缠绕成紧扣地面的网格，但到处可见一棵树因为溪流冲刷树根而倒下后，根系下面露出仍然松散的粉状火山灰。一旦植被以这种方式被破坏，松散的火山灰很容易被溪流侵蚀，交错的根系构筑成的顶盖下会出现一个六七米深的狭窄峡谷。但是这些"暂停"只是例外。热带森林在一个世纪内就重新占领了喀拉喀托岛。毫无疑问，到 21 世纪末，针叶林将重新覆盖圣海伦斯火山，而依赖森林生存的哺乳动物和鸟类也将回归。

就这样，火山在陆地上造成的伤口终会愈合，虽然从人类经历的较短的时间尺度来看，火山是自然世界最令人恐惧和最具破坏性的一面，但从长远来看，它们是伟大的创造者。火山不仅造就了新的岛屿，如冰岛、夏威夷岛和科隆群岛，也造就了圣海伦斯火山和安第斯山脉等。正是地球上各个大陆的巨大变迁以及相关的大气环境改变，开启了漫长的生态环境的变化进程。经过数千年的时间，这些变化既给动植物带来了危险的挑战，也赋予了它们建立家园的全新机会。

第二章

冰封世界

THE FROZEN WORLD

任何生物都不可能长年在高高的喜马拉雅山之巅生存，世界上任何其他高峰的山顶也不行。在那里，它们要面对的是地球上最猛烈、速度可达每小时 300 千米的强风的侵袭，还有致命的寒冷天气的折磨。

地球上离太阳最近的地方也最冷，这似乎很矛盾。其实，太阳光线穿过空气时会为大气中的粒子提供额外的能量，使它们更频繁地相互碰撞，空气就会产生更多热量。每次微小的撞击都在释放热量。空气越稀薄，这些粒子的分布也就越疏远，碰撞越不频繁，空气就越冷。

寒冷可以置生物于死地。如果它全面侵入植物或动物的体内，使细胞中的液体冻结，那么除了极少数例外情况，细胞壁都会破裂，就像冻住的家用管道会破裂一样，生物组织就在物理上被摧毁了。

但是寒冷的杀戮在动物被冻硬之前就完成了。包括昆虫、两栖动物和爬行动物在内的大多数动物都是直接从周围环境中吸收热量，因此它们有时被称为"冷血动物"，但这个称谓是一个误导，因为它们的血液往往一点也不冷。例如，很多蜥蜴能极其有效地进行日光浴，让身体在日间保持温热，甚至比人类的体温都高，只不过到了夜间又会变凉很多。这些生物可以忍受体温的大幅下降，但同样也会在身体降到 0℃之前就死掉。随着体温下降，体内产生能量的化学过程减缓，动物会变得越来越迟钝。最终，约在 4℃时，它们的神经膜失去了传递微小电信号所需的半液体特性，动物会在丧失身体的协调能力后死亡。

鸟类和哺乳动物在寒冷中生存的机会更大，因为它们的身体里能产生热量，但它们也为此付出了高昂的代价。即使在相当暖和的日子，它们也需要用所摄入的食物的一半来保持体温。在非常寒冷的情况下，如果你穿的衣物不够，那么无论吃多少来补充热量，都赶不上热量丧失的速度。大脑和身体其他高度复杂的器官无法承受超过几摄氏度的温度波动，如果你的体温降到了让爬行动物昏昏欲睡的那个程度，你就会死去。

因此，在气温可能降至零下 20℃的大山之巅是没有生命的。除了那些不小心被风刮上去的小生物，偶尔也会有人——也许更令人费解的是，他们是出于自身的意愿而去那里冒险的。

登山者从这样的山峰的峰顶下来，降到距离山顶 1 000 米左右的海拔高度之前，在由坚冰和封冻岩石构成的悬崖上可能看不到任何其他生物。他们能在 7 000 米高度遇到的第一种生物大概是岩石上一层薄薄的、凹凸不平的"皮肤"——地衣。这不是一种单一的植物，而是两种异常不同的植物以极尽亲密的方式一起生存。一种是藻类，另一种是真菌。这种真菌产生的酸会腐蚀岩石表面，使光滑表面上的共生群落获得一些抓力，再将矿物质溶解成藻类可以吸收的化学形式。这种真菌还为共生群落提供了一个能攫取空气中的水分的海绵状框架。藻类在阳光的帮助下，利用岩石矿物质、水和空气中的二氧化碳，合成自己和真菌赖以为生的食物。这两种生物是分开繁殖的，其后代必须重新建立联系。然而，这并不是一个平等的伙伴关系。有时，地衣里面的菌丝会把藻类细胞包裹起来并吞噬它们。虽然藻类与真菌分离可以独立生活，但没有藻类，真菌就无法生存。真菌似乎是通过利用藻类才能到附近的未开发区域定居。许多藻类和真菌物种都会形成这种联盟，特定的配对非常稳定，以至于它们的共生体会被看作具有自身独特的形状、颜色和岩石偏好的常规物种。

世界上大约有 17 000 种地衣，它们生长得都非常缓慢，那些覆盖着高山山顶岩石的地衣尤其如此。在高海拔地区，一整年中可能只有一天时间适宜生长，地衣也许还需要花 60 年之久才能覆盖 1 平方厘米。因此，一般我们看见的像盘子一样大的地衣可能已经数百岁乃至数千岁了。

山峰高处的山坡的雪地似乎比周围的岩石区域更不宜生存。它们并非都是亘古纯粹的白色，在喜马拉雅山脉、安第斯山脉、阿尔卑斯山脉和南极的山脉上，一些雪坡是切开的西瓜一样的淡粉红色。

这景象让人难以置信。在这样的地方攀爬，需要雪地护目镜来保护眼睛，你可能会认为周围雪坡上奇怪的斑点和污迹是影子，或者是自己的眼睛被晃到后冒出了什么幻影。如果你用肉眼观察一下这种不同寻常的雪，会发现它除了毋庸置疑的淡粉红色，并没有什么特别。只有用显微镜才能在冰冻的微粒中发现上色的原因：大量微小的单细胞生物。这些也是藻类，被称为雪藻。每一种都含有绿色粒子，可以进行光合作用，但这种绿色被一层红色素结结实实地盖住了。这种红色素对藻类的作用可能和你的雪地护目镜一样——过滤阳光中有害的紫外线。

在生命中的某个阶段，每一个雪藻细胞都会长出一根细小、颤动的线头，那是它们的鞭毛。鞭毛能够让它们在雪中移动到白雪表层以下的位置，那里有最适合它们的光线。在那里，雪可以为它们避风，温度并不像外头那么低。即便如此，雪藻仍需要保护自己抵御寒冷，它们含有一种化学物质，能在低于零下几摄氏度的温度下依旧保持液态。

这些微小的植物除了阳光和溶解在雪中的微量营养物质外，不向世界索求任何东西。它们不以其他生物为食，也没有任何东西以它们为食。除了让雪"脸红"，它们也几乎不改变周围的环境。它们只是存在，证明着一个令人动容的事实：生命，即使在最简单的层次上，也只是为了自己而存在。

其他更为复杂的生物种类也在雪地里栖居，有微小的蠕虫和很原始的昆虫，如石蛃、弹尾虫和冰虫。通常它们的数量很多，足以把雪染色，但染出的是黑色而不是淡粉红色。这种深色的色素沉着可能对它们颇有价值，因为深色吸收热量，而浅色则反射热量。然而，即使有这种辅助保暖，它们也必须在身体接近冰点的情况下度过大部分生命。它们的身体也有防冻功能，生理机制非常适合在低温下运行，如果它们突然被加热，比方说被你放在手上，那么它们就会丧失身体功能并死亡。它们无法像雪藻那样合成食物，而是以下面山谷里刮来的风碰巧携带的花粉粒和死亡昆虫的尸体为食。

不出所料，这种严寒状态的生物，它的生命历程打开的速度极其缓慢。一只冰虫卵需要一年才能孵化出来，新发育的幼虫需要 5 年才能成年。所有这些雪地居民都没有翅膀。这并不奇怪，昆虫若想要翅膀发挥作用，就必须非常快速地扇动它们，但昆虫的肌肉无法在低温下做到这一点，它根本无法产生足够的能量。这些奇怪的生物中的一种——蝎蛉，可以在英国找到，在那里它被称为雪蚤。它已经进化出自己的方式来弥补飞行上的无能，不需要快速的肌肉反应。它的腿关节处有个小小的弹性垫，这块肌肉可以缓慢压缩，继而锁定。如果这种虫子受到敌人的威胁，它会突然松开这块肉垫，靠肉垫爆炸性地膨胀让自己腾空而起。

在雪地边上的巨石中间，聚集着像垫子一样的小植物——石竹、虎耳草、龙胆和苔藓。为了躲避风，它们抱团生长在起伏不平的地面上，但根系非常长，有时可深入地下近 1 米，可以抵抗住大风的拉扯，在滚石间丝毫不动。茎和叶紧密地堆成一团，相互支撑，抵御寒冷。一些植物甚至能够利用自己的食物储备产生一点热量，融化周围的雪。它们的生长过程都非常缓慢。一株植物全年可能至多长出一两片叶子，攒足开花所需的储备可能需要 10 年。

再往山下走一点，寒冷程度稍减，从山顶往下延伸的山脊提供了更多的避风处，那里的地势也不那么陡峭，因此岩石和因霜冻而从山体上脱落的碎石有了一定的稳定性。植物终于能发育出足量的根，撑起高出地面 1 英寸左右的茎。在那里，一些条件得利的小块区域几乎能铺满绿色。不过，在这些相对较低的海拔上抵御寒冷也是必须的。

在非洲肯尼亚山两侧的高山峡谷中生长着最为壮观的山地植物，可以说是同类中的"巨人"。主要有千里光和半边莲两种。它们和我们的花园品种大为不同。千里光可以长到 6 米高，看起来像长了树干的巨型卷心菜。它的叶片枯萎后依然会附着在主茎上，形成一个厚厚的空气罩，对抵御寒冷来说很有效。有的半边莲可以长成 8 米高的巨柱，蓝色的小花点缀在丝状的灰色叶子中间，叶子又长又细，整个柱子看起来毛茸茸的。虽然它们不能完全贮存空气，但它们能阻止空气在柱子周围自由流通，在夜间也提供了实实在在的防冻保护。还有一种半边莲，贴地生长着一个巨大的莲座状叶面，宽足有半米，中心贮满了水。夜幕降临后水面会上冻，这层冰可以防止下面的水进一步降温，因此植物的中心芽苞实际上是被一圈液体保护层包裹着的。太阳在早晨升起后，这层冰做的盖子会融化。现在半边莲面临着另一个问题，因为它生长在靠近赤道的地方，而且海拔很高，大气层很薄，阳光非常强烈，因此真正的风险是半边莲中央

"圣杯"中的水可能会蒸发，让它失去保护。然而这里的水并不是偶然积聚的雨水，它是由植物本身分泌的，略显黏稠，含有一种凝胶状物质——果胶，这使它的蒸发量大幅减少。因此不论白天温度有多高，这种植物都能保存在它的液体隔温层，为应对寒冷的夜晚做好准备。

生长在高海拔地区和世界其他区域的矮生型半边莲和千里光，植株都非常小，这里的半边莲和千里光巨大的体形与它们形成了鲜明对比。在安第斯山脉，凤梨科的一些成员也以类似的方式长成了"巨人"。这两个地方海拔都很高，靠近赤道，因此可能是这两个因素结合在一起，让如此巨大的尺寸具备了某种优势。但到目前为止，植物学家还没有完全破解其中的缘由。

在山坡上生长的任何植物，哪怕叶片再稀疏，都会很快吸引到动物前来啃食。这些"冒险家"必须自己采取防寒措施。在肯尼亚山上，与大象和水生儒艮具有亲缘关系、体形如兔子大小的蹄兔会咀嚼半边莲的叶子。蹄兔的毛比它们低地亲戚的毛要长得多。与蹄兔相对应的是安第斯山脉的毛丝鼠，大小和蹄兔差不多，体形、习性和饮食也相似，但它们是啮齿动物，关系一点都不近。那里还进化出了毛发比世界上任何其他动物的毛发都更厚实、更顺滑的安第斯生物，一种名为骆马的野生骆驼。它产的毛是价值最高的绒毛之一。又厚又细密的毛保温效果特别好，如果骆马活动量太大的话，

可能要面临过热的危险。因此，它的毛不能把全身都盖住，大腿内侧和腹股沟的几块地方几乎不长毛。如果骆马觉得太热，只要摆出一个能把这些区域暴露在空气中的姿势就能快速降温。天气冷的时候，它又会采取另一种姿势，把大腿和腹股沟上的成对裸露部分贴在一起，这样它的绒毛外套就无懈可击了。

然而，厚厚的毛皮或绒毛并不是保存热量的唯一方法。身体的比例也能在这一点上发挥很大作用。细长的肢体末端很容易受冻，因此山地动物的耳朵往往较小，四肢也较为短小。保温性能最好的形状是球体，动物长得越圆，它就越能保持体温。身体大小也很重要，身体表面的热辐射会损失热量，体积越大，体表面积与体积的比率则越小，保温效率就越高。因此，一个大球体会比一个小球体保持温暖的时间更长。结果就是特定物种生活在寒冷气候中的个体往往比生活在温暖地区的个体更大。例如遍布美洲地区的美洲狮，生活半径从北部的阿拉斯加，穿过落基山脉和安第斯山脉，一直到亚马孙丛林。它有许多常用俗名——美洲狮、山狮、美洲豹等，在这里指的是同一个物种。生活在不同地方的个体在体形上差异明显。低地美洲狮与山上生活的那些比起来，简直就是"小矮人"。

如果你想在赤道附近的安第斯山脉中部找到骆马和毛丝鼠，你必须爬到海拔 5 000 米左右的雪线上。但是如果你沿着安第斯山脉向南旅行，雪线会越来越低。当你到达巴塔哥尼亚和大陆南端时，你会发现海拔仅仅几百米的地方就有永久性积雪，还有冰川直接流入大海。

　　原因并不复杂。在赤道处，太阳光线丝毫不差地直射地球。但随着地表向两极的弯曲，光线越来越倾斜。因此，照射在赤道上一平方米平地上的阳光要多于更靠南的区域。靠近两极附近光线的温度也更低，因为光以一定角度进入地球大气层，穿过大气层的路径要长得多，到达地球时损失的能量就更多。因此，南极洲沿海地区就像赤道安第斯山脉的高山之巅一样寒冷和荒凉。

　　生活在南极的生物不仅要面对严寒，还要面对漫长的黑暗。由于地球的自转轴相对于太阳略微倾斜，因此当地球围绕太阳在公转轨道上运行时，极地地区会经历显著的季节变化。当夏天开始时，白天的光照时间更长，仲夏时，太阳持续 24 小时可见。然而这种好处的代价是在夏末光照时间会变短，最终在仲冬时节，大地连续数周都笼罩在黑暗里。

　　地衣再一次凭借出色表现成为少数能够忍受这种恶劣条件的生物之一。有 400 多种地衣生长在南极的岩石上。一些是扁扁的一层，另一些是皱皱的、卷曲呈带状。最常见的是黑色，因此能和雪虫一样从微弱的光线中最大程度地吸收热量。有些形状卷曲缠结如虬髯，有点类似略具弹性的分叉的头发。这些微型森林拥有自己的小生物群落。弹尾虫和成群的螨虫，个头都没针头大，慢慢地爬过枝杈，在里面觅食。其他肉食性螨虫的风格略活跃一些，追上小虫就扑过去一嘴咬住活吞。也有几种苔藓，可以忍受连续数周被冻得硬邦邦的。令人难以置信的是，有一种藻类能够穿透岩石开裂的缝隙，利用从半透明的矿物成分中透进去的阳光在岩石内部生存。这里只有两种开花植物——一种矮生草和一种康乃馨。这些植物体量都不大，任何体形的动物都没法靠吃它们为生。这种情况可能也会发生变化——随着气候变化将海岸冰层变成淤泥，雪藻可以生长和开花，暂时将白色大陆的局部变成诡异的绿色。然而就目前而言，生活在南极海岸和冰原上的生物必须直接或间接地从海洋中生长的植物中获得营养，而无法从陆地上获得。

南大洋的海水比陆地要温暖，因为海水是在南极和更远的北方温带地区之间不停循环的。由于含盐，海水温度降到 0℃ 以下时才会冻成冰。海冰形成的过程产生了更咸、密度更大的海水，这股海水下沉再驱动上升流，带来了海洋深处的营养物质。因此，南极海域生产力很高，富含浮游藻类或其他浮游生物。一种叫磷虾的数量巨大的浮游虾类会以浮游生物为食，而磷虾和小鱼一起又成了南极洲较大型动物——海豹、海狗和企鹅的食物。然而，为了搜寻食物，这些生物必须出海，在那里它们必须配备与陆地动物完全不同的防寒保护措施。水比空气吸收的热量更多，传导效率更高，因此游泳者比步行者体温降得更快。此外，毛皮中的空气在水中作为保温层作用也是有限的。

海狗又被称作毛皮海豹，但它其实是一种海狮，而不是海豹。它保留了陆地上四足祖先的大部分被毛，非常厚实，还可以在水中保持身体温度，因此人类对它的毛皮需求强烈，用来制作毛皮大衣。

它那厚厚的皮毛不仅高度柔软，而且非常细腻，即使它进入水中也能留住空气。但潜水深度对海狗来说是个问题，因为水的压力会压缩空气，使它失掉保温层。因此海狗通常不会潜入深水寻找食物。

海豹则能够更好地应对寒冷。它的毛很稀疏，但可以保护它的皮肤免受擦伤，让它在游泳时身体或多或少一直有一层水膜覆盖着，就像一套全身游泳服一样，在一定程度上减少它的热量损失。海豹还有脂肪层保温——来自皮肤下面的一层厚厚的油脂。海狗的身体里也有几块脂肪层，用来作为食物储备。然而海豹全身都发育出了脂肪层，就像一整张毯子包裹着它的身体，无论它游得有多深，保温层的效果都不会降低。

威德尔海豹经常潜入 300 米或更深处，能待上一刻来钟。也曾有威德尔海豹潜入 600 米深处并在水下停留三刻钟的记录。在那里，它在黑暗中用声呐追踪鱼和乌贼，发出尖锐的叫声，并通过产生的回声来探测猎物位置。它是所有哺乳动物中生活区域最靠近南极的，也毫不畏惧冬天大陆周围封冻的海域。它要么用冰层下截留的空气泡呼吸，要么通过在浮冰上留下的小洞来呼吸，时不时地啃咬小洞的边缘，让它们保持敞开。锯齿海豹——被错误地命名为食蟹海豹——是南极所有海豹中数量最多的。它完全以磷虾为食，颊齿上有特殊的尖头，能起到筛子的作用，排出多余的水，把磷虾留在嘴里。豹海豹可以长到 3.5 米长，身段苗条、柔韧，能吃各种肉——鱼、磷虾、其他种类的幼海豹，偶尔也吃企鹅。

体形最大的是象海豹，货真价实的庞然大物，体重可能达到 4

吨。如果海滩上一只愤怒的雄性象海豹冲着你直立起来，它可能有两个你那么高。它的名字不仅仅来源于它的高大，还归功于它鼻子顶部的一个可充气的鼻腔，能够吹成一个巨大的膀胱形状。象海豹也会潜入深海去吃乌贼。它有厚重的脂肪，每年都会蜕皮，皮肤上有一层薄薄的毛发。毛发的生长需要皮肤浅表大量的血液供应，因此脂肪层中是有血管穿过的。这样的话，它的脂肪层就不再完整，血液在身体表面循环，无法有效隔温，因此它必须出水上岸。在繁殖期，雄性象海豹会在海滩上展开激烈的搏斗。现在，它们的对抗情绪则有所收敛，为了保暖，在泥里叠罗汉一样躺着，皮肤片片剥落，显得不太整洁。

南极的鸟类和其他所有鸟类一样，都有很好的御寒本领，因为在空气中的羽毛是最好的保温材料。但是，大多数鸟类的腿上都没有羽毛，小腿和爪子裸露在外。从表面上看，蹲在冰山上神态冷峻的海鸥似乎有流失宝贵的身体热量的风险。但将血液沿着腿向下输送的动脉并不直接延伸到脚趾，相反，腿部形成了一个毛细血管网络，包裹在静脉周围，将血液从爪子下半部分带回身体。来自动脉血的热量在流失到外部之前，已经被转移到冷的静脉血中，随后回到体内并保存下来。动脉血在变凉之后继续往下流到爪子。因此，腿实际上是作为独立的低温单元运作的，它们能做相对简单的活动，是靠对寒冷环境的适应这一生理过程来实现的。

南极特有的鸟类，通常也是遥远冰冻的南极的象征——当然是企鹅。事实上，化石证据表明，虽然企鹅科发源于南半球，但它们原先生活在这个半球更温暖的地区。即使在今天，部分种类的企鹅仍生活在南非和南澳大利亚相对温暖的水域。有一个分支甚至生活在赤道上的科隆群岛。企鹅善于游泳。它们的翅膀已经变成了鳍状肢，可以用来拍打水面，推动自己向前。它们的脚用于转向，位于身体后端的最佳位置，让它们在出水时保持特有的直立姿势。无论在哪里游泳都需要良好的保温，为此企鹅长出了羽毛。羽毛又薄又长，尖端朝向身体下方。羽管的侧面不仅分布着羽丝，末端还有蓬松的簇状物，这些簇状物垫在一起，形成了几乎风吹不进水透不过的保护层。这种羽毛外套覆盖身体的程度比任何其他鸟类都更完整。大多数企鹅的腿上都覆盖着羽毛，小阿德利企鹅——仅在南极洲生活的两个企鹅物种之一，甚至在粗短的喙上都长着羽毛。这件羽毛外套下面是一层脂肪。企鹅的这层保护极其有效，和骆马一样，它们也面临着真实存在的过热风险。必要时，它们会弄皱羽毛，并将鳍状肢从身体向外展开，增加散热面。

靠着这种有效的保温层，企鹅在南大洋的大部分水域定居并繁衍生息，种群数量几乎是天文数字。扎沃多夫斯基是南桑威奇群岛的一个火山小岛，只有6千米宽，有超过100万只帽带企鹅在此筑巢。这种企鹅个头很小，站立高度不超过人类膝盖。在南极夏季开始时，它们开始登陆，巨大的海浪猛烈地将它们抛到岩石上，力道大得像要把它们砸得粉碎。但企鹅就像橡胶球一样有韧性，当海浪从岩石中回流时，它们毫发无伤，兴高采烈地向着内陆蹒跚而上。在裸露的火山灰里，它们挖掘出简单的小坑，用刺耳的高音大声吵闹着，争夺它们想用的鹅卵石。在这些浅浅的坑中，它们会生下两颗蛋。雄性孵育它们，雌性则下海觅食。偶尔会发生这样的情况：企鹅夫妇选择了一处覆盖着冰层的火山灰地面挖坑筑巢，身体的热量会把冰融化成水流走，结果就是企鹅亲鸟和企鹅蛋一起以一种匪夷所思的方式处在一个深洞里。幼鸟孵化后由父母轮流喂养。幼鸟生长迅速，在南极短暂的夏天结束时，它们已经羽翼渐丰，能够独立游泳和觅食。但生活在火山岛上是有风险的——2016 年，库里山发生火山爆发，火山灰和水蒸气给这片栖息地构成了很大的威胁。但扎沃多夫斯基过于偏远，这些鸟儿受到了怎样的影响，目前尚且未知。

所有企鹅中，体形最大的是帝企鹅。它站起来与成年人齐腰高，约重 16 千克[1]，是最大、最重的海鸟之一。这种巨大的体形很可能是对寒冷环境的适应措施，因为帝企鹅在南极大陆上生活和繁殖，是唯一能够在冬季忍受南极内陆极寒气候的动物。然而，虽然这种体形的确有助于保持热量，但也带来了挑战。企鹅雏鸟在发育完全并长出可以下海的羽毛之前无法养活自己。体形不小的雏鸟需要很长时间才能孵化并长大。帽带企鹅或其他体形较小的企鹅可以在南极夏季的短短几周内做到这一点，帝企鹅雏鸟却不行。帝企鹅选取了与其他大多数鸟类完全相反的繁殖时间表来应对这一挑战。它们不在春季产卵，也没有在夏季比较温暖的几个月里养育后代，虽然那时食物很容易获得。它们会在初冬开始整个繁育过程。

1　一般认为，成年帝企鹅的体重在 20~45 千克。——译者注

夏季，它们在海上觅食。夏季结束前，它们会让自己尽可能地长胖并保持健康。3月份，在漫长的冬季开始前的几个星期，成年帝企鹅会经由海岸冰带上岸。冰带已经从海岸向外延伸了相当远，它们必须向南走许多英里才能到达靠近海岸的传统繁殖地。在整个黑暗的4月和5月，帝企鹅们进行求偶，完成交配。企鹅夫妇没有为自己划定特定的领土，也没有筑巢，因为它们所站立的大地是海冰，没有植被或石头可以用来定界。雌性只产一颗蛋，体积很大，蛋黄占比很高。蛋一旦生下来，雌鸟必须把蛋从冰面上挪开，否则蛋就被冻住了。它用喙的下缘把蛋推向脚趾，放置在脚面。在那里，蛋会被企鹅腹部垂下来的一块长着羽毛的皮肤包裹住。伴侣立刻就会来到它身边，在这样一个繁育仪式的高潮时刻，雄鸟把蛋从雌鸟身上取下来，放在自己的脚上，塞在自己的"围裙"下。雌鸟眼前的任务完成了。它离开雄鸟，穿过越来越深的黑暗，去到海冰边缘。终于可以进食了。现在冬季更深了，海冰延伸到了离海岸更远的地方。因此，雌鸟可能需要行进150千米才能到达开阔的水域。

与此同时，雌鸟的伴侣一直站得笔直，脚上放着珍贵的蛋，在它的胃部下方保持着温度。它几乎什么都不做，拖着脚步，与其他孵蛋的雄鸟挤在一起，背对着飞雪和呼啸的风，好给彼此提供一点保护。它已经没有精力浪费在不必要的动作或无意义的表演上。当它刚从海上来到这里时，羽毛下有一层厚厚的脂肪，几乎占了体重的一半。它已经利用这一点完成了求爱活动。现在，雄鸟必须靠着这层脂肪，在孵蛋期间再坚持两个月。

终于，在产下 60 天后，蛋孵化了。雏鸟的身体还不能产生热量，仍然蹲在父亲的脚上，在"围裙"下靠着父亲取暖。令人难以置信的是，雄鸟居然成功地从胃中找到足够的食物，通过反刍喂给刚孵化出来的后代。然后，雌鸟再次出现了。时间掐得极其精准。雌鸟的体重增加了很多。没有一个记忆中的地点，而且有可能雄性企鹅已经从上次雌鸟离开的地方拖着沉重的脚步在冰面上走了很远。雌鸟通过鸣叫的方式找到了雄鸟，识别出了它回答的每个音调。一旦这对夫妇重新团聚，雌鸟会马上给它们的孩子喂食反刍的、半消化状态的鱼。这次重聚非常关键。如果雌鸟被豹海豹抓住没能回来，雏鸟几天之内就会饿死。哪怕迟到一天左右，雌鸟都可能会错失为雏鸟提供它急需的食物的时机。在它到达之前，雏鸟就已经消殒了。

已经在饥饿中站了好几周的雄性企鹅现在可以自由地去为自己觅食。它把雏鸟交给了配偶，然后向着大海出发。它瘦得可怜，体重减轻了至少三分之一，只要成功到达海冰边缘，就可以潜入大海开始大吃特吃了。它有两周的假期。然后，雄鸟会在胃部和嗉囊装满鱼，经过漫长跋涉，回到它的雏鸟身边。

除了雌鸟带回来的鱼和一些胃里的汁水外，雏鸟没有其他东西可吃。它期待着从父亲那里得到更多的食物。它还是一身雏鸟样子，羽毛呈灰色蓬松状，所有的雏鸟挤成一团，但父母能通过声音认出它们。在冬天剩下的几周里，父母轮流去找鱼吃，为孩子带回食物。终于，地平线开始变亮，温度持续上升，海冰开始出现裂缝。那条标志着开放水域的边缘线越来越靠近育儿区了。之后，冰缘已经靠得足够近，雏鸟也够得着。它们拖着脚步走到水里，潜下去。从下水的那一刻起，它们就是优秀的游泳运动员。成鸟也加入了盛宴。在整个周期重新开始之前，企鹅只有两个月的时间来恢复脂肪储备。

繁殖过程充满了危险和困难。安全很难得到保障。天气比平时稍差一点，捕鱼效率稍低一点，成鸟晚到了哪怕一天——任何这种变化——都可能导致雏鸟死亡。事实上，大多数雏鸟确实死掉了。只要四成帝企鹅进入成熟期，就算得上帝企鹅的好年景。

南极洲并不总是如此荒凉。它的岩石中有蕨类植物、树木、早期小型哺乳动物、恐龙和有袋动物的化石遗骸。大概 1.4 亿年前，它们曾经在这里繁荣兴旺。这块陆地与南美洲、澳大利亚和新西兰都是被称为冈瓦纳古大陆的南方超大陆的一部分，靠近赤道，彼时气候要温暖得多。大约 1.8 亿年前，移动的大洋板块使超大陆分裂开来，最初与澳大利亚相连的南极洲开始带着陆地居民向南漂移。此时的南极地区被海洋覆盖。海水的温度相当低，因为太阳光线照射的角度是倾斜的，但它们与全球温暖地区之间的环流可能并未让这片海洋被封冻上。可是，随着已经与澳大利亚分离的南极洲继续向南，最终在南极停下来，情况就开始变得不一样了。对于恐龙和其他陆地动物来说，陆地迅速变得太过寒冷，它们没能坚持到循环的洋流重新把大地变暖的时候。冬季，大雪飘落在地上后留了下来，让大地更加寒冷，太阳光已经非常微弱，而白雪又反射掉了 90% 的热量。因此，雪年复一年地累积，在自身的重压下，变成了冰。

今天，除了纵贯南极的一些山脉的尖角和海岸附近一两条狭长的陆地还露在外面，冰盖已经覆盖了整个南极大陆，某些部分的冰盖厚达 4.5 千米。它的面积相当于整个西欧，呈巨大的穹顶形，最高点海拔为 4 000 米。这里有全世界 90% 的冰和 70% 的淡水。如果它融化了，全世界的海平面将上升 55 米。

南极洲向南漂移时，北半球的大陆也在改变位置。在那个遥远的时期，北极的海水也是自由循环的，而欧亚大陆、北美洲和格陵兰岛逐渐向北移动，形成了一个收紧的圆环。这可能中断了洋流的自由流动，干扰了海水回温。这一次，海洋本身冻住了。直到今天，北极仍然被海冰而不是被大陆覆盖。然而，随着气候变化的影响，这种状态正在发生变化。

这些大陆位置变化产生的冷却效应很可能因为太阳辐射强度的变化而强化了。可以肯定的是，约 300 万年前的地球曾经是一个非常寒冷的星球。在一个冰期，冰川曾深入欧洲南部，大概英格兰中部的位置。这种情况曾反复发生过多次，只是程度有所不同。

北极周围大陆圈的存在对其动物种群产生了巨大影响，这也让北极成为与南极洲截然不同的地方。大陆充当了走廊，来自世界温暖地区的动物可以顺着这些走廊来到冰盖上。因此，南极附近除了人类之外没有大型陆地动物生活，而北极却是最大的食肉动物北极熊的猎场。

这种体形庞大的白色动物与生活在欧亚大陆和北美北极圈以南

的灰熊和黑熊有亲缘关系。北极熊能够最有效地抵御寒冷。像许多其他在寒冷气候下生存的生物一样，它比生活在温暖大陆上的亲戚在体形上要大得多。它的被毛很长，富含油脂，在浅水处几乎不透水。它脚掌的大部分也有毛发覆盖，不仅可以让皮肤不接触寒冷的冰面，还可以拥有很好的抓地力。夏天，在靠南的地方，北极熊可能会吃浆果，还会捕捉旅鼠来吃，用巨大的前爪迅速地拍死它们。但它的主要猎物是海豹。它会跟踪一只海豹，移动起来几乎不被察觉，它把白色的身体压得很低，尽可能靠近雪地。要是看到一只海豹在浮冰上晒太阳，在距离浮冰还有一段距离的时候，它会在冰面边缘浮沉，截断海豹往大海的逃生路线。有时它会在海豹使用的冰上呼吸孔旁边等待，只要海豹出现，它就用爪子从侧面猛击海豹的头部，把它撞向冰层的边缘。

北极和南极都有海豹。成群结队的竖琴海豹在繁殖时聚集到浮冰上，规模可达数十万只。在南极中无比引人注目的元素——企鹅，在这里却不见踪影。但这里有其他和企鹅非常相似的鸟类，来自海雀科的成员，如海鸠、刀嘴海雀、海鹦和海雀。它们和企鹅的相像之处很多：繁殖时会聚成庞大的群体，大部分毛色是黑白相间，在陆地上时都站得笔直。最重要的是，它们都是优秀的水下游泳运动员，拍打翅膀和用脚转向的运动方式也与企鹅大致相同。

然而，它们从飞行者到游泳者的转型还没有企鹅那么彻底。它们并没有完全丧失飞行能力，尽管翅膀已经不太好使了，它们起飞升空时，总会狂叫一通。一年中有那么一小段时间，它们会丧失飞行能力，因为与在一年中分多次换羽的大多数鸟类不同，这些鸟的飞羽会一次性脱落。这个时候它们会出海，成群结队地稳坐在波涛起伏的水面上，这是它们最像企鹅的时刻。

这个家族中的一个成员，大海雀，已经完全不会飞了。它是海雀科中体形最大的，直立身高有 75 厘米。身体也是黑白相间的，与企鹅特别相像。事实上，第一个被叫"企鹅"名字的本来是它。这个词的起源有争议，有人说它来自两个威尔士单词，意思是"白头"。这种鸟的头上的确有两块白斑，但它从未在威尔士生活过。更有可能的是这个名字来源于一个拉丁文单词，意思是脂肪，因为大海雀的皮肤下有一层厚实的脂肪保温层，它也因此经常被猎杀。所以，当前往南半球的旅行者看到非常相似、同样不会飞的鸟时，也一样叫它们企鹅。这个名字在南极鸟类那里保留了下来，却没有留给北极的鸟类。最终，大海雀不仅失去了它的名字，连存在也被抹去了。由于不会飞，它无法轻易从人类手中逃脱。最后一只大海雀于 1844 年在冰岛附近的一个小岛被杀死。

海雀家族的其他成员幸存了下来，也许原因正是在于它们从未失去飞行能力。它们群居在难以接近的悬崖和偏远的岩石堆顶上，没有一种会像企鹅那样列队站立在海滩或浮冰上，原因显而易见，来自南方的哺乳动物猎手会出现在那里。

哺乳动物猎手不仅包括北极熊和北极狐，也包括人类。早期，因纽特人的祖先从北亚地区来到这里。因纽特人和他们的近亲对极端寒冷的条件的适应是所有人类群体中最好的。虽然他们的身材不够高大，但身体比例最适合保温，下蹲时体表面积也更小。他们的鼻孔比许多其他种族的都窄，也许这样有助于减少呼吸时流失的热量和水分。当因纽特人全副武装地穿好衣服，仍会有一些身体部位，比如脸颊和眼睑暴露在冷空气里，因此他们的这些部位都长出了厚厚的脂肪保护垫。

但如果没有温暖的动物皮毛，因纽特人也无法在北极生存。他们用海豹皮做手套和靴子，用北极熊皮做裤子，用驯鹿毛皮和鸟皮做短袍。针脚缝得很细，水不会透进来。他们一般穿两套短袍和裤子，内层有毛的一面紧贴皮肤，外层的毛皮则冲外。

传统上，因纽特人会在冰上长途旅行，依靠猎杀海豹为生。扎营时，因纽特人会利用雪来建造庇护所，用一个长长的骨头片把雪切成一块一块的，堆叠起来，呈螺旋状上升，最后合围成顶，一座冰屋就建成了。他们有时甚至会用一块半透明的冰代替一块雪砖，为冰屋建造一扇窗户。里面有一条从冻雪中切出来的长椅，上面铺满毛皮。照明来自油灯。燃烧的油脂和他们自己身体产生的热量可以把室内温度升高到15℃，足以让居住者脱下厚重的皮衣，半裸地躺在毛皮毯子中休息。

这种生活的艰苦程度是难以想象的。西方世界进入北极地区，带来了新材料和燃料，发电机和尼龙织物，预制建筑和互联网，还有以汽油为燃料的雪橇和带有望远镜瞄准器的远射程步枪。因此，狗拉雪橇、徒手扔鱼叉的现象以及冰屋和手工缝制的毛皮衣服已经基本被舍弃。今天，很少有因纽特人在北极的浮冰上进行这样的游猎了。

从南极洲漂出来的冰川汇入大海，漂浮在海面上，形成巨大的冰架。过一段时间，冰架会分解成巨大的平板状冰山，有些直径可达 100 千米。冰山可以在南极海域漂流数十年，最终到达温暖的水域并缓慢融化。在北极，有多处冰盖的前缘深入了陆地。在格陵兰岛、埃尔斯米尔岛和斯匹次卑尔根岛，冰盖形成了冰嘴和冰崖，从中流淌着融化的冰水。冰盖南缘，是绵延数百千米由碎石和巨砾组成的荒滩，这些岩石碎片是在从前更寒冷的时期被前进的冰川推过来的，现在随着冰盖的退缩被弃置于此。这就是冻土带。

夏天，微弱的太阳可能会融化地表的一层冰，但直到现在，距离地表仅一米左右的地方仍然保持着上一个冰期的封冻状态。随着季节的更替，这层永久冻土层上方的土壤已多次融化又上冻。砾石内部的收缩和膨胀制造出了奇怪的图案。如果一小块地面上发生了霜冻，内部的水分变成冰，那么这块地面将被轻微抬升成一个穹顶形状，并在水平方向上膨胀。霜冻的情况下，颗粒较大的砾石比颗粒较小的砾石移动得更快，因此更细碎的砾石留在了中心，而较大的石块则向外围移动。如果在同一个地域形成了好几个这样的霜冻斑块，它们的边缘可能会重合。这样地面上就出现了好些多边形，有的宽几厘米，有的宽达 100 米，由相对大的石头勾勒出边缘的轮廓。中间较细的砾石更适合植物生长，于是这些多边形里出现了一个个绿色的中心，整个冻土带似乎被划分成了奇奇怪怪的花园地块。如果是斜坡，这个过程就不会产生多边形，而是形成顺着山坡延伸的、长长的条纹。

在其他地方，定期的冻融可能会使地下水浓缩，隆起一个高达 100 米的金字塔，叫作"冰丘"。看起来像是一个小火山的形状，但里头是冷蓝色的冰，而不是熔岩。

气候变化的严峻影响越来越显著，这个世界也在发生变化。在格陵兰岛，部分冻土带正在永久融化。居民在上面建造房屋的永久冻土曾经坚如磐石，如今正在变成流动的泥浆。在厚厚的冰川下，奔腾着一道道溪流甚至一整条河，加速了融化过程。在西伯利亚，不断退缩的永久冻土中露出了史前动物的尸体，如猛犸、披毛犀和狼。它们因在冰层中数千年、保存完好的尸体让我们看到了这些已经消失的冻土带居民的特征。它们骨骼中的 DNA 仍然完好无损，科学家可以展开分析，揭示这些已灭绝动物的生理状况。更具威胁性的是，在西伯利亚部分地区，甲烷——冰期之前的植被腐烂的产物——正从冻土带的冰笼中重获自由，释放到大气中，成为一种强大的温室气体，加剧着全球变暖。

如我们所料想，冻土带到处生长着苔藓和地衣。但这里同时也生活着上千种不同的开花植物，没有一种能长到一小株灌木那么大，酷烈的风让它们无法长高。尽管如此，这里仍然有树木生长。极地柳不是垂直向上，而是贴着地面水平生长。大的植株能有 5 米长，但只有几厘米高。像所有寒冷气候下的植物一样，它们生长得极其缓慢。一株树干直径几厘米的极地柳可能已经有四五百年的历史，其年轮可以证明这一点。这里还生长着成片的欧石南、莎草和棉花草。在北美和欧亚大陆的高山上也发现了许多苔原植物。其实它们很可能就是从那边来的，因为这些山脉早在上一个冰期中地球被冰层覆盖、冻土带形成之前就存在了。

在漫长黑暗的冬季，雪覆盖了大部分土地，动物似乎无迹可寻。积雪下方比上面暖和得多，旅鼠是一种体形仅有豚鼠一半大小的小型啮齿动物，矮矮胖胖，有着厚厚的棕色皮毛，耳朵很小，尾巴更是短小。它们沿着地表下方不怎么深的跑道小步行进，一路啃食植物。有时，一只白色北极狐会在雪地里挖出一个深深的洞，僵直着腿猛扑下去，试图把这些小动物赶出隧道。貂，一种白色的小型食肉动物，身形玲珑，可以沿着旅鼠挖出的隧道追赶它们。几只白色小鸟——雷鸟，正在寻找山谷的庇护，也许能在那里发现一些浆果或柳叶。北极兔在雪地里挖洞，拼命寻找还没被啃光的叶子。但生存是困难的，只有适者才能够存活下来。

春天会忽然间到来。之后的很多天，太阳都会从地平线上升得更高一些。天空变得明亮了一点，空气变得暖和了一些。雪开始融化了。融水很难从永久冻土中流出去，于是留在了表层，形成沼泽和湖泊。动物和植物对刚刚迎来的温和气候反应迅速。这种霜冻缓解期只会持续大约 8 周的时间，没有时间可以浪费了。

植物很快就开出了花。赤杨匆匆忙忙，没有时间像别处同属的树木那样次第放飞杨絮，而是全部同时展开。旅鼠的保护性积雪已经融化，把它们完全暴露在外。在池塘和湖泊中，整个冬天都处于休眠状态的虫卵开始孵化，成群的墨蚊和其他蚊子很快就会出现。空气中满是充满威胁的飞行物，数百万只昆虫赶着在产卵前寻找到它们需要的血液，最好是哺乳动物或鸟类的血。

昆虫和旅鼠、绿芽和水草都是各种生物的上等佳肴，饥饿的移民从南方赶来享用盛宴。成群结队的鸭子出现了，有针尾鸭、斑背潜鸭、短颈野鸭和鹊鸭，它们贪婪地大嚼浅水湖中发芽的植物。矛隼、渡鸦和雪鸮飞过来捕食旅鼠。瓣蹼鹬、黑腹滨鹬和翻石鹬飞过来捕食昆虫及幼虫。狐狸怀着吃到蛋和雏鸟的期待，跟着它们一起来了。成群的北美驯鹿也拖着沉重的步子到达，大吃树叶和地衣。

现在，在这里过冬的白色动物已经换毛，也变了颜色。狐狸和雷鸟、白鼬和北极兔、猎手和猎物都同样需要伪装。在无雪的冻土带上，它们齐刷刷地变成了不显眼的棕色生物。白鼬已经变成了南方人更熟悉的样子，人们称它为鼬。

迁徙过来的鸟类开始繁殖，用丰富的昆虫喂养幼鸟。这一切都必须以极快的速度完成，才能保证幼鸟长得足够大、足够强壮，在冬天到来时顺利完成返程。现在这段时间，几乎全天都有连续的光照，亲鸟全天都可以采集食物喂养幼崽。

然后，就像它的到来一样突然——夏季结束了。太阳一天一天沉下去。光线黯淡，严寒再次封锁了大地。阵雨变成了刺骨的雨夹雪。瓣蹼鹬是第一批离开的，很快，所有短暂停留的鸟类和它们的雏鸟都开始启程了。北美驯鹿聚在一起，组成长长的纵队，低着头在白茫茫的大地上艰难地行走。像许多来到冻土带的夏季游客一样，它们将在遥远的南方寻找躲避冬季风雪的庇护所，那里是生长着松树、冷杉和铁杉的浩瀚森林。

第三章

北方森林
THE NORTHERN FORESTS

9 月，北美驯鹿穿过阿拉斯加冻土带，成群结队向南迁徙。经过一个夏季的食物补充，它们个个膘肥体壮，状态良好。驯鹿幼崽也一起出发，勇气十足地跟上父母的步伐。它们还有很长的路要走，天气也在恶化。在这片没有一棵树生长的荒凉的大地上，雪已经开始落下来了。白天，太阳光的强度仍然足以融化雪，但这不仅对驯鹿毫无帮助，反而带来了麻烦。融化的雪水在夜间会结成冰，驯鹿无法敲碎地面厚厚的冰层吃到下面的叶子和地衣。鹿群对庇护所的需求越来越迫切，一天之内可以疾行 60 千米。

　　经过一周左右的持续跋涉，鹿群终于见到了树。这些树长得不高，歪歪扭扭，单独一棵或呈一小片分布，生长在遮蔽的褶皱地带。鹿群继续向南行进。树木逐渐高大起来，数量也逐渐增加。终于，在完成超过 1 000 千米的长途跋涉后，鹿群开始穿行在高大的树木间，进入了真正的森林。

到达这里，事情就好办了。尽管天气一样极度寒冷，但茂密的树木为动物提供了庇护，把致命的寒风挡在了外面。这里还有食物。深色树枝下的雪不会融化结成冰，而是保持着松软的粉状，驯鹿只需用蹄子刨几下，或者用鼻子轻轻推一两下，就可以把雪拨开找到下面的植物。

它们进入的是世界上最广袤的森林。这条环绕地球的林带最宽处可达 2 000 千米，覆盖住了每一片陆地。它从阿拉斯加的太平洋沿岸向东延伸到大西洋沿岸，横跨整个北美。在另一边，越过白令海峡这一段狭窄的留白，林带继续穿过西伯利亚进入斯堪的纳维亚半岛。从一端到另一端，全长约 10 000 千米。

这里和极北之地的冻土带相比，条件有所改善。主要是光照略有增加，更加利于树木生长。靠近极地的地方夏季太短了，一年之中可以生长的时间不足以让一棵树长出高大的树干，也长不出足够坚韧的叶子，能抗住冬季来临前的霜冻。然而，这里一年中通常至少有 30 天阳光灿烂的日子，温度能上升到 10℃或以上，足够让树木发育起来。

然而，其他方面的条件仍然极其严酷。气温可能降至零下 40℃，甚至低于冻土带有记录的最低温度。暴雪覆盖了大地，几米深的积雪可以保持半年以上。极端的寒冷对树木的威胁不仅仅是会让树木组织中的液体冻结，还会剥夺树木的根本性供给——水。水虽然以冰和雪的形式遍布森林，但在这种固体的形式下，它等于被锁了起来，没有植物能够触及。因此，北方森林里的树必须忍受极端的干旱，其程度和许多植物在阳光炙烤的沙漠中面临的干旱类似。

最典型的能够承受这种匮乏环境的叶子就是松针。松针又长又细，雪不容易在上面堆积，因此也没办法把它压垮。它的树液很少，所以几乎没有液体可以在内部冻住。它的颜色很深，能从微弱的阳光中最大程度地吸收热量。所有绿色植物在生长过程中都会不可避免地损失一些水分，它们从空气中吸收二氧化碳，排出"废弃物"——氧气，这一过程是通过叫作气孔的微小孔隙完成的。在气体交换过程中，一些水蒸气会不可避免地逸出。然而，松针的水分损失比其他类型的叶子都小得多。它的气孔相对较少，沿着针叶纵向延伸的凹槽底部呈规则的线性分布。这个凹槽有助于气孔正上方的一层空气保持不动，因此气孔中的水蒸气扩散率非常低。此外，叶子表面有一层厚厚的蜡质，这使得针叶表面其他部位的细胞壁水分流失几乎降到了零。进入苦寒时节，大地也会深深封冻，切断植物根部的所有供水，叶子的任何水分蒸发都可能是灾难性的。这种时候，针叶里的气孔都能够关闭。

某些情况下，这些保水措施仍然不够。落叶松生长的地区不仅极度寒冷，还极度干燥。冬季任何的水分损失都是风险，因此落叶松每年秋天都会脱掉针叶，进入完全不活动的状态。然而，其他地方的针叶可以全年既高效又节约地工作，树木会将它们保留七年之久，在生长季节一次只更新几根。这种保留叶子的方式有相当大的优势。春日伊始，树上的叶子就已经做好了进行光合作用的准备，只等充沛的阳光的到来。此外，树木也不必每年都花费宝贵的能量重新长出整棵树的叶子。

这些常绿针叶树属于一个古老的类群。它们在球果内产生种子，出现在地球上的时间大约是 3 亿年前，比其他开花植物早得多。松树、云杉、铁杉、雪松、冷杉和柏树都属于这个类群。被极端气候造就的针叶的特性在很大程度上决定了有针叶树生长的整个森林群落的特征。由于针叶上的蜡质和树脂不容易分解，寒冷又让细菌活性处于非常低的水平，针叶落在森林地面上可以多年不腐，形成一层厚厚的、弹性颇佳的针垫。针叶所含的养分无法经过腐烂释放，因此针垫下的土壤始终贫瘠，且呈酸性。树木只能借助真菌收回随着针叶落下来而丧失的营养。针叶树的根扎得不深，围着树干向四周伸展，在土壤浅层形成一个向外扩开的网状结构。丝状真菌的菌丝层层叠叠、一团一团地围绕着树根，向上伸展，探查到针叶后就把它们包裹起来，分解成树木可以重新吸收的化学物质，保护根部免受疾病侵害，甚至能够使树木抵抗一些刺激因素，如痕量金属。作为提供服务的回报，真菌从树根中获得它们所需的糖和其他碳水化合物——由于缺乏叶绿素，它们无法自行合成这些物质。

真菌与针叶树之间的这种关系，不如与构成地衣的藻类之间的关系密切，也没有那么特殊。目前已发现的与单独一种松树有关的真菌就可达数百种，六七种真菌可能同时生活在一棵树的根部。不过，真菌也并非不可或缺。只是没有真菌的帮助，针叶树的生长速度要慢得多。

　　针叶的性质也在很大程度上限制了生活在针叶林中的动物。所有森林每年都会长出大量的叶子，一般人可能以为这能为大量食素的动物提供食物。然而，除昆虫外，全是蜡质树脂的针叶对大多数生物来说是不可食用的。驯鹿碰都不碰，小型啮齿动物也不会吃。只有一两种鸟，如雷鸟和松雀确实会吃针叶，但它们也唯独偏爱刚发出的春芽，趁针叶还鲜嫩多汁的时候吃掉它。

　　针叶树上出产的最受欢迎的食物不是叶子，而是种子。许多鸟类都有从球果中取出种子的本事。交嘴雀是雀科的一员，它有一个特别的喙能够达成这个目的。鸟喙的上下部分无法合拢，而是相互交叉，这样鸟就能够从松果坚硬的外壳中撬出富含蛋白质的种子。这种鸟非常勤奋，每天可以撬开多达 1 000 粒种子。星鸦是一种体形较大的鸟，可以长到大约 30 厘米长，鸟喙大而有力，一下子就能把松果咬碎。鸟或许会直接吃掉出来的种子，但也经常会把种子储存在树的裂缝中，以备来日食用。

　　一些小型哺乳动物——松鼠、田鼠和旅鼠——也以种子为食，在雪地里四处搜掘寻觅。森林中较大的素食者——北美驯鹿、狍和驼鹿——非常依赖夏季积累的脂肪储备，但也能够通过其他方式略微补充一点营养：从树上剥下树皮以及树皮上生长的苔藓和地衣，或者去森林比较开阔的地区，找一般在河岸或湖边生长的灌木丛。

　　若要捕到这些素食者，食肉动物必须在森林中大面积巡逻才能找到足够的猎物。猞猁是一种偏大型的猫科动物，身披厚厚的被毛，活动范围可超过 200 平方千米。在这个寒冷的地域，节约能量至关重要，因此必须对狩猎活动的盈亏平衡进行精确考量。一只猞猁追逐一只北极兔，如果在 200 米左右的之字形冲刺中没有抓住它，便会放弃，否则这种行为消耗的能量可能会超过兔肉提供的能量。狍的体形大得多，是一种更有价值的猎物。花长时间追捕它也仍然有利可图，猞猁追它的时候就会坚持不懈。狼獾是一种食肉动物，体形跟低矮的大型獾差不多，它也会捕食鹿。对它来说，追逐往往更容易，它可以在薄薄的雪壳上敏捷地奔跑，而鹿则不行。如果踩到这样的雪块，鹿就会因为陷下去而站立不稳，直接被擒。

雪上世界的温度比白雪覆盖的地下要低得多，因而毫不奇怪的是，生活在雪地上的动物大多是同类物种里的"巨人"。雷鸟是松鸡科里最大的一种，驼鹿是最大的鹿科动物，狼獾则是鼬科中体形最大的。它们的体积有助于保存热量，就像大型山地动物一样。但在静谧的冰雪森林里，动物的数量和种类都不多。你可能在茫茫雪地上走出去很长一段距离都看不到任何生物的痕迹。

有针叶林分布的地方，其中有限的动物群体和树木的特征也高度相似。如果你在隆冬时节用降落伞降落在一片针叶林中，除非你是一个优秀的自然学家，否则很难根据看到的动物判断出你所身处的大陆。长着巨大鹿角，上唇下垂较长，神态仿佛是拿鼻孔看人的大型鹿，在美国被叫作驼鹿，在欧洲则被叫作麋鹿。尽管名称不同，但是同一个物种。在森林中过冬的一种体形较小的鹿，可能是北美驯鹿，也可能是欧洲的驯鹿，同样是相同的物种。狼獾在斯堪的纳维亚和西伯利亚狩猎的方式和它们在北美所做的没有差别。一种像黄鼠狼一样的小动物，长着长长的、光滑的皮毛，劫掠鸟巢，可能是欧洲松貂，也可能是美洲貂，后者可能更健壮、更重，但差距也只是一点点。最引人注目的鸟类是乌林鸮，爪子上覆盖着保暖的羽毛，在两大洲的森林间飞翔穿梭。

别的鸟类可能会更具有参考意义。整个森林带从东走到西，只能发现一种交嘴雀，但有好几种不同的星鸦。美洲种类的星鸦身体呈灰色，翅膀呈黑色，带有白色斑块，而欧洲种类的星鸦翅膀上长着斑点。如果找到一只黑色的像松鸡模样、在树枝上啃食松针的鸟，也会有助于做出判断。如果像火鸡一样大，那就是雷鸟，你此时应该位于欧亚大陆，大概在斯堪的纳维亚半岛到西伯利亚之间的某处。如果像鸡一样小，眉毛有红色条纹，那就是枞树鸡，你则身处北美。

春天来临时，北方森林的状态会发生巨大的变化。随着白天越来越长，针叶树会利用额外的光线奋力生长。整个冬天，芽苞都被包裹着得严严实实，以抵御严寒天气。最靠里是树脂层，可以防止水分流失。然后是树脂层上的外层细胞，能分泌出一种防冻剂，可以承受零下 20℃ 的低温而不凝固。这一层之外又覆盖着一层隔温的"死皮"。最终芽苞从冬日的层层包裹中钻了出来，绽放出生机。在针叶中休眠，或者在前一个夏天被它们勤劳的母亲藏在树皮下钻出的洞里的虫卵现在都孵化了，一批批饥饿的毛毛虫大军扑向嫩松针，大开杀戒。

毛毛虫和蚧蟖也是其他生物的猎物。它们有两种非常不同的自我保护的方式。松夜蛾的毛毛虫——其主要天敌是鸟类——是深绿色的，与松针的颜色非常相似，因此很难被发现。孵化出来后，它们会分散到不同的树枝，因此其中一只被发现的话，不会立即导致同一棵树上的毛毛虫一块遭殃。相反，松叶蜂幼虫则会抱团，数千只聚集在同一个树杈上。它们的主要捕食者是蚂蚁，蚂蚁会趁机抓住多汁的幼虫，沿着树干带回巢穴。为了找到松叶蜂幼虫，蚂蚁会派出侦察兵。一旦发现一只，它就急忙跑回巢穴，在身后留下一串气味标记，成群的工蚁可以跟随气味找到幼虫所在的位置。

松叶蜂幼虫没有大颚或毒刺来攻击侦察蚁，但它们自有办法来阻止侦察蚁传播关于自己所在位置的信息。幼虫从断掉的松针中采集渗出的树脂，咀嚼后储存在肠道特殊的囊袋里。如果被侦察蚁发现，它们就会把"口香糖"涂抹在头和触角上。这会让蚂蚁迷失方向，很难找到返回巢穴的路。松叶蜂幼虫在"口香糖"中还添加了一种化合物，与蚂蚁本身释放的警示危险的信号非常相似。因此，如果工蚁碰巧遇到返回的侦察蚁留下的踪迹，这种气味不会刺激它们跟随，反倒会警告它们远离。最后，如果不幸的侦察蚁真的设法回到了巢穴，这种强烈的警示信号会让工蚁将其视为敌人，然后把它消灭。就这样，大群的松叶蜂幼虫继续潜踪匿影，对着针叶狼吞虎咽。

这些树木开花了。有些是雌花——小而不显眼的簇状物，通常是红色的，长在枝条的末梢。雄花则分开发育，产生大量花粉，让森林里黄雾弥漫。就这样，花完成了受精。但是夏天如此短暂，许多物种没有足够的时间来发育种子，只好等来年。前一年那些挂在枝条里侧完成受精的位置现在才开始膨大，形成绿色的球果。更靠后甚至还有三岁大的棕色球果，已经打开木质鳞片释放出了种子。

地面上，在雪地下面度过了冬天的旅鼠和田鼠在针叶垫上跳来跳去，尽情享用落下的种子。这也是它们繁殖的季节。一只雌性旅鼠一窝可以产下多达 12 只幼旅鼠。一个季节内可以生育三次，第一胎甚至第二胎出生的幼鼠在冬天到来之前就可以进行繁殖，在只有 19 天大时交配，20 天后分娩。很快，森林满地跑的都是旅鼠了。

幼鼠的成熟速度和后代数量取决于食物的供应量，但食物并不总是年年丰盛。举例来说，每隔三四年，有些树可以产生数量异常多的种子。这可能是由于不同年份夏季温度的波动，或者树木在好几个年头储备营养后迎来了大丰收，还有可能是树木为了确保种子存活率做出的积极适应。在正常年份，旅鼠和其他食籽动物会消耗大部分的种子，以至于很少有种子能够发芽。在大丰收的年份，种子数量非常大，其中相当一部分能赶在旅鼠食客的群体足够壮大之前发芽。接下来的一年里，旅鼠就不会吃得那么好了，一窝小鼠的数量有所降低，总体数量又会下降。但是，在任何情况下，旅鼠都不会冲出悬崖集体自杀，那不过是好莱坞创造的奇谈罢了。

抽芽的针叶、乌泱乌泱的幼虫、成群结队的旅鼠和田鼠，全部都是潜在的食物。由春入夏的时节，大批鸟类从南方飞来猎食。猫头鹰也抵达这里，加入扑杀旅鼠的常驻物种的队伍。成群的红翼鸫、田鸫和其他鸫科鸟类吃幼虫，莺科和雀科鸟类则啄食成虫。这时，人类旅行者要辨认自己身处哪块大陆就容易得多了。因为在欧洲、亚洲或美洲的常绿森林里，不管是温暖的偏南区域还是遥远的北方区域，都有独特的鸟类种类。在斯堪的纳维亚半岛有燕雀和红翼鸫，在北美总是成群出现的小型鸟类黄林莺就有十几种。

这些"游客"将在这里度过夏天，利用短暂的食物充足期来筑巢和养育幼鸟。能否成功将取决于这一个季节的食物产出有多慷慨，不同年份可获得的食物量差异很大。松树并不是唯一产量波动很大的物种。旅鼠和田鼠的数量也逐年变化，在5~6年的周期里逐渐增加，然后急剧下降。这也会影响以它们为食的猫头鹰的数量，在田鼠相对较少的年份，基本靠吃田鼠为生的灰林鸮只能产下一到两个蛋。但是，如果田鼠数量第二年有所增加，猫头鹰吃得更好，有更多的食物营养用来产卵，一窝蛋的数量也就会更多。这样继续的话，会有那么一年，猫头鹰一窝能下七八个甚至九个蛋。但随后田鼠数量急剧下降，大量猫头鹰面临饥荒，一场大规模的搬家就开始了。它们会忽然间集体离开北方的森林，绝望地去往南方寻找食物。

同样地，在松果产量大的年份迅速增殖的其他动物也会在第二年松果歉收时被迫向南方转移。其中许多动物在缺乏食物的情况下难逃死亡的命运。

夏季来到北方的莺、雀和鸫，只占生活在各大洲的同类种群数量的一部分。其他依然留在后方，在环境更温和的森林中抚养幼鸟。

在这些南方林地中，针叶树不再占据主导地位。到了气候比较宜人的地方，首先取代针叶树的是桦树，接着越来越多的其他树木也开始出现——栎树、山毛榉、栗树，还有白蜡树和榆树。它们的叶子不再是一簇深色的针叶，而是形状变得宽而薄，层层铺开，捕捉阳光。这些叶子的表面覆盖着厚厚一层气孔，1平方厘米内多达20 000个。通过这些气孔，树木吸收大量的二氧化碳，并制造出它们需要的养料，夯实树干，伸展枝条。在这个过程中，大量水分通过开放的气孔蒸发了出来。以一棵成年橡树为例，夏季的一天里从它叶子表面流失的水分数以吨计。但这对阔叶树来说并不是什么问题，因为在温带的大部分地区，整个夏天都时不时地下雨，地下也不会严重缺水。

这些多汁、宽大又鲜亮的绿叶比松针更美味，各种各样的动物都来啃食。大群不同种类的幼虫前仆后继，每一种都有自己喜欢的特定树种。许多幼虫只有在饥饿的鸟类看不见的夜晚才进食。其他白天活跃的物种则用防范鸟类的有毒刚毛保护自己，避免自己被轻易捕食，鲜艳的颜色也是它们用来示威的方式，还有一些依靠伪装，会身披叶子或依附的树枝的颜色，让自己隐形。这场生存竞赛非常激烈，找到幼虫的最佳方式是搜寻它们留下的残缺不全的叶子，而不是寻找虫子本身。狩猎的鸟类似乎采用了同样的方法。于是，许多幼虫都会不辞辛劳地处理它们的残羹剩饭，仔细地剪掉啃食过的茎或吃了半边的叶子，让它们掉到地上。也有幼虫会小心地避免在进食的地方休息，而是爬去远处的树枝上。

树木对虫害并非毫无办法。它们会在叶子中产生化学物质，如鞣质，这种化学物质非常难吃，许多幼虫都不会碰。和任何防御系统一样，这种物质可能造价高昂，会消耗树木本来可以用于开枝散叶等更加具有建设性用途的"生产总值"中的很大一部分，因此，树木只会在迫不得已的时候才制造驱虫剂，被小规模昆虫攻击时不会启动这个机制。当有重大入侵发生时，栎树等树种可以迅速在那些遇袭的叶子中产生鞣质。这并不会直接杀死幼虫，但可以促使它们爬开，去树的其他部分寻找味道更好的叶子。在这个过程中，它们会将自己暴露在觅食的鸟类眼前，结果就是袭击树木的幼虫数量大减。如果幼虫的侵扰实在严重，那么一棵树也可能会释放特殊的化学信号物质，警告邻居麻烦将近。人类鼻子无法察觉这种化学物质，但其他的树能收到信号并且响应，在幼虫到达之前就开始在自己的叶子中产生鞣质。

啄木鸟是鸟类中的一科，已经高度适应森林中的生活。它们的爪子经过进化，可以紧贴垂直的树干，第一趾和第四趾向后，第二趾和第三趾向前。它们的尾羽粗短、密实而坚挺，因此尾巴整体可以作为一个支撑物。它们的喙尖得很，就像镐一样。啄木鸟竖直地挂在树干上，凝神倾听着细微的声音，这些声音会暴露昆虫在树皮之下的隧道内的行踪。一旦发现一只，啄木鸟就会用喙猛砸下去，敲开昆虫爬行的甬道，把舌头弹进去捉住猎物。末端长着倒刺的舌头异常地长，长到令人难以置信。某些种类的啄木鸟的舌头和身体一样长，收在头骨内顺着眼窝卷曲的鞘中，末端位于上鸟喙的根部。

啄木鸟还用它们强有力的喙在树干上建造巢洞，首先水平向里，钻一个干净利落的洞，然后向下凿 1 英尺左右，在那里掏出一个房间。它们经常选择死树，无疑是因为腐烂的木材比活着的树干更松软，易于施工。这些树通常会被小蠹虫感染，而这些小蠹虫就成了充分的食物供给。

啄木鸟的喙在树干上快速敲击发出的咚咚声，是森林中最有代表性的声音之一。这些鸟不只是在觅食或挖掘巢穴时才制造出声音。它们在树上文出图案，让树木产生共鸣发声，这与其他鸟类唱歌的目的是相同的：宣示领土所有权，吸引配偶。每个种类的啄木鸟都有自己的鼓点节奏，在一次鼓点和下一次鼓点之间有自己特定的间隔。

不同种类的啄木鸟食谱不同。绿啄木鸟除了捕食树皮小蠹虫外，还经常落到地面寻觅蚂蚁。歪脖鸟（蚁䴕）对蚂蚁的依赖程度更高，它基本不会攀爬，也没有其他啄木鸟那样坚挺的支撑尾，但它有一条长长的、黏性很强的舌头，可以伸进蚂蚁的巢穴中，一次就能带出 150 只蚂蚁。橡树啄木鸟利用它的钻木技能，在树干上打出边缘齐整的小洞，直径正好可以容纳橡子。一棵颇受欢迎的树上可能会密密麻麻排布几百个这样的洞，每个洞里储存几个橡子，这样就为冬天囤积了大量储备粮。啄木鸟家族中还有一个更专业的群体，在树干上钻孔是出于完全不同的目的。它们选择能够产生大量汁液的活树，并在上面钻许多小小的、略呈方形的洞。根据树木种类的不同，滴出来的液体或富含脂质，或十分香甜，会吸引昆虫。啄木鸟把这些引来的昆虫与树液混在一起吃掉，好似在吃糖和蛋白质含量都很高的蜜饯。

温暖的日子过去，阔叶树开始开花。树林的密度或高度都不足以阻断风，大多数树木都依靠风将花粉带到雌花内部。因此，这些花大部分都很小，并不引人注目，因为它们不需要吸引传粉昆虫授粉。与北方不同，这里的夏季足够长，花朵可以在同一季节内结出果实。就这样，栗子鼓了起来，橡子冒出了头，悬铃木结出了一串串带着翅膀的种子，榛子则长出了带硬壳的坚硬果实。

夏季将尽。白天开始变短，预示着冷空气已经不远。树木于是开始为过冬做准备。薄薄的、富含水分的树叶如果还留在树上，很快就会被霜冻坏。冬天的风也很可能卷住那些叶子，力气大到把整根树枝都扯下来。在更加短暂和暗淡的冬季白天，即使叶子气孔蒸发的效率会降低，树木仍然可能因此失去宝贵的水分。所以，叶子都会落下来。首先，叶子里的叶绿素会被化学分解并排出。排去了这些曾经用于产生光合作用的废料，叶片变成了棕色、黄色乃至红色。汁液进出叶片的导管在茎的基部形成了阻塞，将其封闭，同一位置会出现一圈软木细胞。不久之后，最轻微的风就足以把枯叶从树枝上吹下来。秋天和落叶就这样开始了。

阔叶林中的许多哺乳动物——鼩鼱和田鼠、老鼠和松鼠、黄鼠狼和獾——只得大大减少食物摄入量来扛过即将到来的冬季。身体主要靠吸收夏季积累的脂肪储备维持。活动也减少到最低限度，避免任何不必要的能量消耗，大部分时间都待在洞穴中。其他动物则遵循林中的生存策略，进入活动暂停状态。动物们冬眠的深度各不相同。黑熊睡得比较轻。初秋，它们在岩石中寻找洞穴，隐蔽在悬垂植物背后铺满落叶的洞或地下洞穴中。通常它们都会选择此前已冬眠过多次的地方，每只动物都是自己睡觉。在那里迷迷糊糊睡了差不多一个月之后，母熊会产下幼崽，一般是 2~3 只。它几乎注意不到幼崽的到来，它们实在是太小了，还没老鼠大。它继续冬眠，幼崽则紧紧偎在它的毛皮中间，寻找通往乳头的途径。母熊既不进食，也不便溺，直到春天来临。

随着冬天过去，幼崽迅速成长。它们像小狗一样在黑暗的巢穴中乱走，咕咕哝哝，哼哼唧唧。有时弄出的声音几米开外都能听到，虽然不算是高声的喧闹，但在一片空旷的雪原中听起来仍然略显突兀。母熊和幼熊在巢穴里待的时间取决于冬天的长短和寒冷程度。在美国森林的南部，它们的休眠时间可能会略长于 4 个月，但北部的熊可能会在巢穴中待上 6 个月甚至 7 个月，一生的大部分时间都是在打瞌睡。

冬眠期间，熊的心跳减慢，体温会下降好几摄氏度。这为熊节省了宝贵的能量，但如果受到打扰，它也能迅速醒来。

相反，较小的生物如睡鼠、刺猬和旱獭，会进入非常深度的睡眠，以至于很难判断它们是否还活着。它们蜷缩起来，头埋在肚子上，后足抵着鼻子，拳头紧握，眼睛紧闭。体温降到 1℃ 左右，肌肉紧缩，摸起来不仅像石头一样冷，皮毛之下也几乎和石头一样硬。

在这种状态下，身体机能将保持极低的水平运作，把对动物的脂肪储备要求降到最低。夏天，旱獭的心脏每分钟跳动约 80 次，在冬季会降至每分钟 4 次；冬季 1 分钟只呼吸 1 次，而在夏季它每分钟要呼吸 28 次。

不过，这种类似死亡的休眠不一定会持续整个冬天。天气变暖可能会让动物醒来。更令人惊讶的是，相反的刺激也会产生同样的效果，因为如果霜冻穿透了动物的庇护所，让温度再变冷 1℃，它就会结冰并死亡。因此，严寒到来时冬眠者会唤醒自己，重新激活内部能量来自救，尽管代价高昂——脂肪储备可能这一下就用光了。睡鼠和旱獭会为这种可能性做好准备，在睡觉的地方或附近的角落储存坚果和其他食物，可以充当一顿快餐。一旦极端条件稍稍缓解，它们就会回到庇护所重新睡去。

这些树木现在光秃秃的，铺满大地的树叶正在迅速腐烂。虽然天气很冷，但地面结冰时间不长，细菌和真菌能继续活动。其他小生物，如甲虫、马陆和弹尾虫，尤其是蚯蚓，会在落叶堆中翻搅，从而将渣滓混入泥土，使土壤变得富含腐殖质。两年内，几乎所有的阔叶都会完全分解掉。但即使是在这种温暖的气候条件下，松针要完全分解可能也需要四年以上的时间。

再往南，活跃的生活方式并不会在冬季完全销声匿迹。寒冷天气从来没有严重到让树木的叶子遭受霜冻破坏，因此出现了许多阔

叶树——木兰、油橄榄和杨梅。在遥远的北方会落叶的树木，如橡树，在这里全年都长着叶子。对这些地区的树木来说，压力最大的时候不是冬天而是夏天，炎热的天气让树木有脱水的危险。因此，许多常绿阔叶树的叶子通常是干燥的，表面有防水的蜡质，气孔相对较少，通常长在叶片背面。一天中最热的时候，树枝上的叶子向下垂，这样它们就不会接收太多太阳的热量。结果就是当你坐在下面时，会发现这些树几乎没有投下多少树荫。

在这里，针叶树再次出现。它们在极低气温造成的缺水环境中能够生存下来的特质，在炎热的南方夏天再次得到了运用。然而，树的形态是不同的。在北方，针叶树多数是金字塔形的，树枝围着树干向下倾斜、散开，有利于雪从树上滑落，防止积雪压得太重，伤及树木。在这里，这种危险并不显著，树木可以向上和向外伸展长着针叶的树枝，最大程度地吸收光线。因此，南方典型的针叶树是平顶、枝条舒展的伞形松。

针叶树的保水技术非常有效，它们可以在阔叶树无法生存的排水程度较高、含沙量较多且干燥的土壤上生长。但在南部的一些地区，在地表水分充足而又土壤肥沃、可以被看作阔叶林的领土的地方，松树也保有一席之地。它们能在这样的地方生存下来得益于另一个天赋：耐火能力。

在美国南部，佛罗里达州和佐治亚州，雷暴会在漫长、炎热的夏季频繁发生。巨大云层堆积了数英里高，倾泻出如注的暴雨，放出一道道闪电。闪电击中高大的树木，可以从树干烧到地面，留下之字形焦痕，甚至将树木完全劈开。这样的雷击会点燃地面上聚积的落叶，火焰随即迅速席卷整个森林。松树多汁的树皮会被烤焦，但不会燃起来，如此就将大部分热量挡在了下层敏感组织的外面。哪怕幼嫩的针叶芽被火焰烧着，外层也有一簇密实的长针叶围着，长针叶也会燃烧，但温度相对较低，能够使嫩芽免受伤害。当嫩芽被烧着的时候，主火一般已经过去了。橡树幼苗没有这样的保护措施。火焰在落叶的助攻下舔舐幼枝，会烤熟薄树皮下的生长细胞，同时直捣毫无保护的嫩芽所在之处，在几分钟内杀死植物。就这样，幼年的阔叶树死掉了，幼年的针叶树则存活了下来。

针叶树不单能忍受这些情况，在某种程度上，它们是始作俑者。脱落的树脂针叶非常耐腐，构成了极好的火种。与阔叶林相比，闪电更容易点燃针叶林。针叶树是火灾中的受益者，火焰不仅消灭了与之竞争的植物，还释放了针叶中的营养物质，让土壤恢复活力。烟雾还会杀死可能伤害树木的真菌。一些松树甚至产生了覆盖着沥青状树脂的球果，这种球果只有在经受高温后才能够打开，释放出种子。保护这一类森林免受火灾，让护林团队扑灭任何可能的火源，是对这种自然状态的干扰。长远来看，这么做可能会改变森林的性质，把以针叶树为主的森林转变为阔叶林。然而，这也可能会导致巨大的危险。

没有周期性发生的火灾，落叶、枯枝和死掉的树干开始堆积在地面上。在多年控火之后，假如一场火还是燃烧了起来，并且没有被控制住，那么所有这些干燥的"废弃物"都会助长火势。火灾可能在一个地区持续燃烧数小时。随着起火面积增大，火风暴开始形成，火焰呼号着攀上树干，随后整个树冠爆炸成火球。没有一棵树能在这样的大火中生存下来，森林也会完全被摧毁。

在正常情况下，这种快速移动的大火不会给动物造成大麻烦。鸟儿可以飞离。地面上生活的动物，如响尾蛇和穴居沙龟，在平时用来躲避中午酷热天气的洞里躲上几分钟，大火就烧过去了。有人看到过老鼠和兔子观察火焰的前进路线，选择一个火势相对较低的地方，主动冲过细细的火线，安全无虞地到达另一侧烧黑的地面。

然而，南部森林的啄木鸟正面临着真正的危险。如果它们像北方表亲一样在枯树的树干上掏窝，那么在大火肆意点燃整个树干时，幼鸟会窒息甚至被直接烧死。这些森林中典型的啄木鸟种类——红顶啄木鸟，之所以会在活的针叶树上而不是死树上凿洞，正是为了避免这些危险。

然而，这样做会产生新的问题。树干和树枝受伤时，针叶树会用树脂保护自己。因为被大风刮掉树枝，被昆虫钻出隧道或者被林业工人凿而形成的伤口会迅速分泌出气味强烈的液体，这种液体接触空气后变硬，在树的伤口上结痂，不让宝贵的树汁流失或发生感染。这种树脂就存储在树干靠外层的导管中。如果啄木鸟在这部分树干上开凿巢穴，流入巢穴的大量树脂会使巢穴无法居住，此处充满了树脂性挥发物的气味，而且黏黏糊糊。因此，红顶啄木鸟会打穿树干的这个部分，进入树芯。树干必须非常厚，树芯才能容纳啄木鸟的房间。因此，红顶啄木鸟在树干上筑巢的位置通常相对较低。然而，这让它有被其他动物特别是鼠蛇捕食的风险，鼠蛇经常上树从巢中偷走雏鸟。啄木鸟有一个抵御此类袭击者的办法。它在巢穴入口上方和下方各自啄出一排凹坑，和吸汁啄木鸟凿出的那种非常相似。它会规律性地凿坑，让凹陷处渗出大量的树脂，在树干周围形成一层黏稠的膜。树脂中的化学物质会刺激蛇的腹部，使其无法忍受。爬上来的蛇一旦碰上这片区域，身体就会突然向后仰，东扭西歪地失去抓力并摔到地上。

洞一旦打好，就会被同一只啄木鸟持续多年地使用。一些用作巢穴，一些用来休憩。但是，在活树上挖一个洞比在枯干松软的木头上挖一个洞要困难得多，这样的洞因此成了非常宝贵的产业，许多其他生物——如松鼠等哺乳动物、猫头鹰等鸟类——由于缺乏啄木鸟的木工才能，只要有机会就会强行占领这些洞。啄木鸟必须时刻保持警惕。红顶啄木鸟也找到了解决这个问题的方法，它们会以8~10只为单位群居，彼此之间有亲缘关系。但其中只有一对会筑巢。其他的鸟，通常是幼鸟，会轮流守卫鸟巢。它们甚至可以帮助喂养雏鸟，当然也会轮工，建筑新的巢穴。

美国松林构成了这条宏伟林带的南缘。在我们砍伐掉这么多森林之前，这条林带曾经覆盖了整个北半球大陆。在这片辽阔的地域，植物和动物必须对付一年中变化很大，有时甚至非常严酷的天气。那些生活在北方的动物必须能够适应几乎一直都是白天的日子，

以及剩下几乎完全黑暗的日子；南部地区的居民则要接受连绵不断的冷雨，以及在一年里持续数周的干燥和艳阳。为了应对这些变化，动物和植物必须拥有特定的策略和生理结构，没有哪一种能够全年以最高的潜在效率持续运作。

继续向南，距离赤道不到 1 000 千米处是北回归线。在这条想象的线的另一边，太阳总是适时升上头顶的天空。在那里，大地几乎每天都有明媚的阳光，从未有霜冻袭击，也几乎每天都有滋养生命的雨水降下。这片国度是阔叶树最初的家园，在那里它们仍然统治着大地，并且达到了鼎盛状态。毋庸置疑，那里的物种比世界上任何其他地方都要丰富。

第四章

莽莽丛林

JUNGLE

阳光和水分——两项生命的必需品——最为充沛的地方莫过于西非、东南亚、西太平洋和南美洲，从巴拿马到亚马孙盆地，再到巴西南部。因此，这些土地为世界上最密集、最丰富的植被所覆盖。生态学上称之为常绿雨林，但它们更广为人知的名字是丛林。

　　与北边的森林相比，这里的气候条件鲜有变化。由于靠近赤道，日照量和白天的长度几乎全年保持不变。唯一的变量是降雨，但也不值一提——要么湿润，要么非常湿润。这种情况已经持续了漫长的年月，相比之下，除了海洋，其他地理景观的存在似乎都相当短暂。泥浆把湖泊填满变成沼泽不过需要几十年，平原变成沙漠只需要几个世纪，冰川侵蚀山脉也不过千年。但炎热潮湿的丛林已经在靠近赤道的陆地上矗立了数千万年之久。

　　这种稳定性可能是今天那里存在着令人难以置信的生物多样性

的原因之一。林中巨木的多样性多少被它们同样均匀光滑的树干和几乎相同的矛形叶子掩盖了。只有当它们开花时，才能清楚地看出它们有多少不同的种类。数量简直惊人。在1公顷[1]的丛林里，很容易找到100多种不同种类的高大树木。这种丰富性并不限于植物。大约有1 600种鸟类生活在亚马孙河的丛林中，昆虫种类更是不计其数。巴拿马的昆虫学家仅从某单一树种上采集的甲虫就有950多种。如果把昆虫作为一个整体，再加上蜘蛛和马陆等其他小型无脊椎动物，科学家们估计南美洲森林的1公顷范围内的物种可能就多达40 000种。进化过程已经在这个稳定环境中不间断地运作了数百万年，几乎每一个微小的生态位都已经有了适应它的特定物种。

然而，这些生物中的大多数在丛林中生活的位置是离地面四五十米的树冠，过去很长一段时间里我们都无法攀到那里，更不用谈近距离探索了。这个情况直到最近才有所突破。林冠上生活着极为丰富多样的生物，任谁都不会质疑这一点。白天，树枝间回荡着各式各样的咔嗒声、呼啸声、长嚎声、尖叫声、颤动声和咳嗽声，夜间更甚。但究竟是什么生物发出了某一种声音，很大程度上我们只能靠猜测。鸟类学家把眼睛对着双筒望远镜，伸长脖子，最多能幸运地看到一个剪影快速地从树枝的缝隙中掠过。植物学家们被一

1　1公顷 =10 000平方米。

模一样的巨大柱状树干弄昏了头，也找不到哪些树正在开花，没办法只好拿猎枪击落树枝，好识别树木的种类。曾有一名野外工作者，下决心尽可能完整地为婆罗洲（加里曼丹岛）丛林的树木编目，为此还训练了一只猴子，这只猴子能爬上选定的树木，摘下开花的小枝条，把它扔下来。

后来，就在几十年前，有人将最初由登山者开发的绳索攀爬技术带到了丛林中。对雨林冠层系统的一手探索终于开始了。

方法十分简单。首先，你必须先把细绳挂上一根高树枝，要么扔上去，要么把它绑在箭头上射上去。细绳一端绑上一根像手指一样粗的攀爬绳，足够结实，可以多次承受一个人的体重。靠拖拽细绳，把攀爬绳拉过树枝。绳子绑牢实之后，套两个金属手扣上去，夹住。手扣可以向上滑动，但有一个棘轮可以防止它们往下滑。踩住两只绳编的脚蹬——分别挂在一个金属手扣上，这样就可以一点一点沿着绳子慢慢向上爬了。把重量放在一侧脚蹬上，另一个脚蹬同时向上抬。这样缓慢、气喘吁吁地爬上了这根高高的树枝之后，你就可以找一根更高的树枝固定另一根绳子继续爬，直到最后长绳终于拴在了最高处的树枝上。现在，你终于可以进入林冠了。

到达那里，就像离开塔楼昏暗的楼梯登上了屋顶。突然间，潮湿和暗淡被新鲜空气和阳光扫荡一空。在你的周围，绿叶无边无际，有的像小丘一样凸起，有的似酒窝一样凹陷，一起组成了一朵壮观的巨型西蓝花。无人机技术的出现使漫游林冠和观察其中的"居民"变得更加安全和容易，但这样研究人员无法感受与这个隐秘世界直接接触的神奇体验，也没法收集样本，因此，绳索总是必要的。林冠上星星点点分布着一些孤立的大树，能比其他树高出 10 米甚至更多。这些露生层树木能享受与其他丛林树木不同的生存条件，风可以自由地吹过它们的树冠。它们利用了这一点，让风为它们传播花粉和种子。南美的大木棉树，也叫丝木棉树，会产生大量蓬松的种子，种子有像蓟种子一样的冠毛，可以轻盈地飘浮在空中，遍及方圆数英里的森林。东南亚和非洲的同类植物为它们的种子配备了翅膀，使其旋转下降的速度足够慢，足以让风托住它们，种子被送出很远的距离后才落进林冠深处。

然而，风也带来了不利因素。它会蒸发树叶中的水分，使树木失去重要的供给。为了应对这种危险，露生层树木发展出了表面积小得多的窄叶子，不仅比林冠层的叶子小，与掩映在树荫下低矮树枝上长出的叶子相比也更小。

这些大树的树冠是丛林中最凶猛的鸟类——巨鹰最喜爱的筑巢地。每片森林都有自己的巨鹰，东南亚有食猿雕，南美有哈比鹰（美洲角雕），非洲有冠鹰雕。

这几种巨鹰长得非常像，都有很大的羽冠，宽而偏短的翅膀，长长的尾巴。这种形态给它们的飞行赋予了极佳的灵活性。在筑巢方面，它们都会用细枝搭建一个巨大的平台，一连好多年都用同一个窝。它们通常只生养一只雏鸟，雏鸟几乎一整年都依赖父母供给食物。它们都在林冠层狩猎，凶猛而迅捷。哈比鹰是世界上体形最大的鹰，会追杀猴子。在猴群惊慌失措地逃跑时，它会在树枝间来回穿梭，最后抓着挣扎的猎物从林冠层冒出来，飞回巢穴。尸体会在那里放上数天之久，哈比鹰一家会把猎物肢解，小片小片地分而食之。

林冠本身，即森林天篷，是一层浓密连续的绿叶，厚度约有六七米。它的每片叶子都有精确的角度，便于收集尽可能多的光线。许多叶片茎的底部有一个特殊的关节，让叶子能够随着头顶太阳从东向西的轨迹转动。除了最顶层外，其他所有叶子都吹不到风，因此周围的空气温暖而潮湿。这种条件对植物生命非常有利，苔藓和藻类大量生长，覆在树皮之上，悬于枝条中间。如果长在叶子上，它们就会剥夺叶子所需的阳光，并堵塞它呼吸的气孔。然而，叶片光滑的蜡质表面可以防范这种危险，在这种表面上，根丝或菌丝很难抓住。此外，几乎所有的叶子都有滴水叶尖，即叶子末端优雅的尖角，就像壶嘴一样。暴雨之后，雨水没有丝毫滞留，顺着表面很快流出，叶子刷洗干净，又恢复了干燥状态。

丛林中没有明确的季节，因此没有明显的气候迹象提醒树木像生长在其他纬度的树那样集体落叶。但这并不意味着所有树木都会全年不断地落叶和发芽，每个物种都有自己的时间表。有些树木每6个月就会落一次叶。另一些似乎全凭自己随意决定，看不出有什么明显的逻辑，例如每12个月落一次叶，或者每21天落一次叶。还有一些是零敲碎打，一年中每隔一段时间就落一次叶，一次换一个

树枝。

花期也各不相同，甚至更加极端和神秘。10 个月和 14 个月的周期很常见。但有些树行事迥然不同，每 10 年只开花一次。同样，这个过程并不是偶然的，在一片丛林中广泛分布的同一树种会全部同时开花。如果它们要异花受精，就必须这样做。但诱导开花的因子仍然未被探明。

冠层树的花朵与露生层巨树的不同，不能依靠风授粉，因为周围的空气几乎静止不动。因此，它们必须用花蜜吸引动物信使。树木为了广而告之它们已经为迎接客人做好准备，绽出了颜色惹眼的花瓣。许多花是靠着笨头笨脑的甲虫、黄蜂和翅膀扑闪有力而色彩斑斓的蝴蝶以及其他昆虫受精的。依赖食蜜鸟类——包括南美洲的蜂鸟、亚洲和非洲的太阳鸟在内——的花朵，几乎总是红色的，而那些颜色苍白、散发臭味的花朵通常会受到蝙蝠的光顾。

种子发育时，也会面临类似的运输问题。种子比花粉粒更大，因此被招募来做这项工作的生物必须具备较大的身形。许多树木用肉质甜美的果肉包裹着种子，来吸引猴子、犀鸟、巨嘴鸟和果蝠——那些足够大、吃水果时可以满不在乎地吞下种子的动物。更大的水果，如鳄梨、榴莲和菠萝蜜会落到地上，被地面生物吃掉。这样的种子都自带一层坚硬的外壳，足以保护它穿过动物的整个消化道，再与粪便一起从另一端平安地出来。如果够幸运，这时候的种子已经距离被吞掉的地点很远了。

整个丰富多样的动物群落生活在林冠的绿色世界中，在远离地面的高处巡逻或狩猎，偷盗或捡拾残羹，繁殖或死亡，从不离开。有如此多不同的树木在不同的时间结果，一年中总能找到水果，这里没有，那里也有。因此动物完全可以只挑一种水果吃，不太需要其他。鸟类和哺乳动物团伙四处游荡，从一棵树转移到另一棵树，发现成熟果实就迅速下手。要观察林冠生命，最有价值的方式之一就是找到一棵果实将熟的树，然后坐下来等待。婆罗洲的无花果树，果实成熟时芳香四溢，动物们蜂拥而至。猴子们在树枝上跳来跳去，挨个儿嗅着无花果，从香味中判断它是否已经完全熟透，喜欢的话就一把塞进嘴里。长着红色毛发的大型猿类——红毛猩猩，天性喜爱独居，一棵树上通常只有一只雄性或一只雌性带着它的孩子。还有长臂猿家族，总是一大家子一起来。而就最远、最细的树枝上挂着的水果而言，比较重的生物很难凑上去，所以就会有好多吃水果的鸟围着这些水果，扑棱着翅膀，吵吵闹闹。鹦鹉挪了上来，用一只爪子倒挂着，另一只爪子抓着水果吃。犀鸟和巨嘴鸟用它们的长喙一次摘一个水果，抛到空中，然后一口接住，直接落入喉咙。白天过去，宴会并不会散场，新的顾客将在夜间到达。偶尔一种毛色灰白、大眼睛的夜行性灵长类动物——懒猴，会从它的藏身之处冒出来。巨大的果蝠也飞落到树枝上，皮革质地的翅膀扑簌作响。

其他一些生物专门取食叶子——在这里可以称得上供应充足，取之不尽。然而，纤维素不易消化，依赖叶子为食的动物必须有一个足够大的胃，能够装着食物慢慢分解。因此，大多数食叶动物都相当大，其中包括少量鸟类，因为它们要保持飞行能力，必须将体重保持在最低限度。有一些猴子将叶子当作主食，它们的肠道中形成了很大的专门区域用来处理叶子，如南美洲的吼猴、亚洲的叶猴和非洲的疣猴。以树叶为食的动物中最奇怪的是来自南美的树懒。它们挂在树枝下方生活，沿着树枝姿态庄严地移动，每次只动一只脚。它们的爪子变成了钩状，四肢柔软的关节支撑变成了僵硬的骨性支架。它们的毛发生长方向与普通生物相反，从脚踝顺到肩膀，再从腹部中部到脊背，因此倒挂状态下，落在它们身上的雨水很容易排干。树懒有两种。三趾树懒倾向于在较低的树上生活，几乎完全以叶子为食；但两趾树懒是真正的林冠居民，能爬过最高处的树枝，不仅吃各种各样的叶子，也吃水果。

树上同样有狩猎者。除了穿过林冠捕食猴子或鸟类的巨鹰，还有在树上生活的猫科动物——南美洲的虎猫、亚洲的云豹。这两种动物的运动能力都极强，擅长爬树追捕猴子、松鼠和鸟类。它们可以从一根树枝跃上另一根树枝，用后腿倒挂在树上，甚至直接爬上树干。反应速度极快，即使掉下去，只靠一只爪子就可以钩住边上的树枝，转危为安。这里还有蛇，但不是故事里那种不怀好意地挂在树枝上，等着袭击路人的大怪物，而是要小得多，有些和小树枝一般细，主要捕食青蛙和雏鸟。

许多林冠居民，无论大小，都在树枝间有自己的领地。它们以个人、家庭甚至大部队为单位，捍卫着领地，抵御其他同类的入侵。在茂密的叶子中，视觉标记的应用范围实在有限；地面上常常使用气味标记，这种方法在这里应用和维护起来都太费力，在交错的树枝间有效性也不高。声音信号更便于发送，传播得更远。有些林冠层动物发出的音量在整个动物群体中冠绝群雄。吼猴沉溺于大合唱，从早到晚不能自拔，发出可怕的尖叫声，一嗓子高低起伏好几分钟才算完。雌雄长臂猿则发出悠扬的二重唱，它们的声音层层叠叠，契合完美，好似只有一个歌手在发声。亚马孙丛林中有一种白钟雀，羽色纯白，比鸫大不了多少，整天坐在树顶上，持续地发出一种近似锤子敲打破铁砧的刺耳叫声，把人类旅行者吵得心烦意乱。

树木伸展出挂着叶片的巨大树枝，也会被其他植物利用。飘浮在空中的蕨类植物和苔藓的小孢子，经常会寄宿在树皮的缝隙中，在那里发芽。经过繁茂和腐烂，残余物质形成了一种堆肥，能够支持更大型的植物生长。因此随着树木年岁渐长，壮实的树枝会长出一排排大型的蕨类植物、兰科和凤梨科植物，从树枝上积累的叶霉中吸收营养，并通过将根悬挂在潮湿的空气中来收集水分。

反过来，凤梨也供养着自己的一些微型住客。它们的叶子呈莲座状生长，基部彼此紧紧相连，形成一个能盛住水的圣杯。这些微型池塘里有很小的、色彩明艳的青蛙。它们的卵不是产在水里，而是产在叶子上。蝌蚪孵化后，雌蛙让它们爬到自己的背上——一次背一只。然后雌蛙回到一株凤梨上，到达后，它会仔细检查其中一片叶子装满了水的叶腋。如果里面没有生命迹象，它会小心地转过身、往后退，直到尾端接触到水，它的小蝌蚪就可以蠕动着进入自己的特殊水族箱了。有几种小型青蛙的做法是用蚊子和其他昆虫在凤梨上产的卵，为发育中的蝌蚪提供食物。还有一种蛙，会以更精细的方式照顾幼崽。雌性每周轮流探访每只幼蛙一次或两次，在它们旁边的水中产下一个不育卵。蝌蚪会马上咬破果冻体，吃里面的卵黄。雌性会以这种方式喂养孩子6~8周，一直到蝌蚪发育出双腿开始独立生活。

并不是所有树枝上的植物都像凤梨一样仅仅寻求一处简易住宿，也有用心更险恶者。榕树种子经常在这里发芽，但它们的根不像凤梨根一样只是无辜地荡在空中。它们会继续向下生长，直到接触地面。然后，它们扎进土里，吸收比空气中更多的水分和营养。树枝上的叶子于是生长得更加茂盛。其他的根沿着树干生长，或者从悬垂的根侧面水平伸展，开始缠绕寄主的主干。榕树树冠现在非常茁壮，浓密的叶子开始对寄主树形成遮挡。慢慢地，榕树变得越来越占据主导地位。最终，也许在榕树幼苗在树枝上发出第一颗芽的一个世纪之后，寄主失去了本来享有的光线，枯萎死去。它的树干腐烂了，但包裹它的榕树根现在又厚又结实，形成了一个中空的网格状圆柱，完全可以独自立住。就这样，绞杀榕篡权成功，接管了寄主在林冠中的位置。

爬上林冠的枝条里也有不那么危险的，如藤本植物。它们生命的最初形态是地表的小灌木，但它们会逐渐伸出许多卷须，摸索着攀上幼树。一旦找到一棵幼树，它们就会紧紧抓住它，随着树苗的生长而生长，一起到达林冠层。但藤本植物的根扎在地上，除了支撑物外，并不从树上索取别的什么。

　　像这样，藤本植物、绞杀榕、悬着气根的凤梨科和蕨类植物装饰着林冠，就像船桅上缠绕的绳索。如果你爬上了林冠，你也得在里头小心行动。下降并不困难，但确实需要对自己打结的能力有一定信心。一圈绳子，穿过一个八字型金属环，绕好。你得把这个扣在腰部的带子上，站上编织脚蹬，就可以向下滑了，用一只手控制绳子的滑动，调节下降速度。下降 10 米左右以后，你已经经过了整个林冠层的树枝，可以自由摆动了，因为周围什么都没有，只有藤本植物和气根，以及林冠树木无枝无叶的伟岸树干，像诺曼式教堂中的柱子一样光滑而厚实。上头的绿色天花板和脚下的地面之间空空荡荡，似乎没什么可瞧的。其实，不断有动物穿梭于地面和林冠之间，这个空中空间的交通实际上十分繁忙。有些动物也用"绳子"。松鼠顺着藤本植物往上爬。红毛猩猩成年后体形可能变得很大，很难靠树枝从一棵树移到另一棵树上。它们经常会下落到地面，爬上另一株藤蔓，两只胳膊交替着上拉，轻松程度令人艳羡。令人惊讶的还有南美洲三趾树懒，它们总是去地面上排便，而且通常在同一个位置。你可能会在树懒爬到半路时看见它正朝着自己的粪堆缓慢前进。

　　如果要从丛林里的一处去到另一处，许多鸟类更喜欢在林冠层以下飞行，而不是暴露在上面巡逻的老鹰的眼底。许多鸟类在这里

筑巢。金刚鹦鹉、犀鸟和巨嘴鸟在中空的树上挖洞；咬鹃在树蚁的球状巢穴中挖出一个窝；凤头雨燕用唾沫将树皮和羽毛的碎片粘在一起，在水平树枝的一侧延伸出一小块，正好能放进去一颗蛋。蛋和窝之间严丝合缝，就像橡子和壳斗那般。

　　鸟类不是唯一一会在半空中掠过你身边的生物。一些其他种类的动物虽然不能通过拍打翅膀产生飞行动力，但仍然是非常合格的飞行员。它们会滑翔。婆罗洲的滑翔动物特别多。有一种体形很大、很漂亮的鼯鼠，腹背都是浓郁的褐红色，这种松鼠科动物会爬上树干，在树枝上奔跑，用尖利的爪子牢牢抓住树皮。接近傍晚的时候最容易看到它从树洞里冒出来，通常会有第二只跟出来，因为它们是成对生活的。绕着树干转圈一两分钟后，其中一只会出乎意料地一跃而下，展开一件巨大的从手腕延伸到脚踝的皮肤斗篷。它长长的浓密尾巴从后面甩出来，看起来就像一个方向舵。其中一只跳下来后，它的伴侣很可能会跟上，这对夫妇会从你身边滑出去三四十米远，朝着另一棵树而去。靠近树干时，它们会向上冲，减缓滑行速度以便降落。昂着头降落在树干上之后，它们就轻快地跑掉了，毛茸茸的薄翼像特大号披风一样在身侧翻卷。

　　小蜥蜴也能在藤蔓和树枝之间跳跃。它的滑翔翼不像鼯鼠的那样覆盖完全，而只是从两侧突出的皮瓣，被肋骨延伸出的部分固定。通常情况下，它会将皮瓣折叠在身侧，只有向前拉动肋骨时，肋骨才会分开，从而张开皮瓣。这些小生物非常在意自己在树枝间的领地。如果外来者闯入，领主会立即腾空而起，降落在离敌人很近的位置。然后它会弹出下巴下方一片三角形的皮瓣，开始激烈的攻击展示。直到入侵者被击退后，它才会疾步返回树枝，滑翔而去。

一些青蛙也学会了滑翔。它们使用的是脚趾之间的薄膜，即青蛙标准游泳装备的一部分。但飞蛙的脚趾大大拉长了，当它们伸展开来，每只脚都成了一个小小的降落伞。这样它就可以滑行相当一段距离，从一棵树到达另一棵树。

最非凡的滑翔者也许是飞蛇，这一发现曾经在一段时间内被认为是头脑发热的探险家产生的幻想。飞蛇产于东南亚，一种瘦小的生物，长有点缀着金色和红色的绿蓝色鳞片，异常俊美。一般情况下它并不会展示它的空中战力。它也是一个技术精湛的爬树者，能以极快的速度爬上垂直的树干，一边用身体下方宽宽的横鳞边缘扣住树皮表面，一边盘绕在攀缘植物或粗糙的树皮上，内侧用力支撑住自己。爬上树之后，如果想从一根树枝去到另一根，它就会沿着树枝冲出去，然后起飞。在空中，它的身体会变得扁平，不再是圆形，而是宽宽的带状。同时，它会不断扭动身体，画出一串连续的 S 形。这样它的身体就能够接触更多的空气，滑行的距离比它直接下降要远得多。它甚至能通过扭动在半空中转弯和掉头，让自己的降落地点基本在掌控之中。

如果你现在继续沿着绳子下滑，还会看到一层绿叶植物。远没有林冠那么厚、那么密。下层植物里有低树，比如特别适应丛林低层昏暗光线的棕榈树，也有林冠树种的种子发芽长出的幼树。经过它们，你就终于又实实在在地踩在大地上了。落地后，你能感觉到森林的地面——坚实，毫无弹性。尽管被枯叶和其他从上面掉下来的腐烂植被覆盖，地面层实际上薄得惊人。天气很热，凝滞的空气湿度极高。这种条件非常利于腐烂。细菌和霉菌毫不停歇地工作。真菌在繁殖，通过烂叶传播菌丝，竖起来一个个子实体：伞形、球形、平板状或钉子状，挂着一圈菌褶。它们的分解速度十分快。在北方寒冷的森林里，松针可能需要 7 年才能腐烂；欧洲树林中的一片橡树叶子大约会在一年后消失。但只要 6 周，丛林树上落下的叶子就可以完全腐烂。

　　然而，以这种方式释放出的营养和矿物质不会在现场保存太久。每天被雨水冲淋，这些物质很快就会进入溪水和河流。因此，如果树木不想失去这些珍贵的物质，它们必须迅速回收。树木于是在土壤浅层发育出了盘根错节的根系。这种浅根系几乎没有办法为高大的树木提供稳定的支撑。许多树会长出一圈巨大的板状根作为额外的支撑，这些扶壁从树干侧面伸出，高可达 4~5 米，沿着地面向外延伸的长度基本与高度相等。

　　这是一个昏暗、朦胧的世界。照射树冠的光线经过层层过滤，只有不到 5% 会到达这里。加上土壤养分缺乏，地面植物几乎不可能大量生长。因此，在春天的林地里，你永远找不到一块"地毯"，颜色能与英国森林里春季的风铃草地相媲美。有时你可能会看到前方有些许颜色，但走近后，你会发现那些只是死掉的花。它们是从林冠层的树枝上掉下来的。尽管如此，这里还是有一些植物在开花。对看惯了温带树林的人来说，看到一大束花在离地面几米高的树干上直接绽放出来，难免会吃上一惊。植物的这种开花方式可能与贫瘠的土壤间接相关。一粒种子如果要在这里顺利生长，它的庇护者必须为它提供食物，因为从土壤中能吸收的东西太少了。因此，许多树木会结出富含营养的坚果，支撑幼苗早期阶段的生长。这么大的东西，长在树干上远比挂在树冠的细枝上要容易。在这里，它们非常突出，容易被授粉动物发现。许多果子都是为蝙蝠准备的，因此颜色发白，在晚上很容易被发现。炮弹树为招待好客人做了更多努力：花的上方长出了一个特殊的穗状物，能让蝙蝠挂在上面吮吸花蜜。

有一两种花直接长在地面上。然而，开花的植株不从土壤中而是从树上获得营养。它们是寄生植物。其中一种叫作大王花，是世界上最大的花。这种植物生命里的大部分时间都是以生长在藤根组织内的丝网形式存在的。只有在地下根膨大，最终像一排卷心菜一样从土里拱出来时，它才变得肉眼可见。东南亚有好几种大王花，其中的王中之王生长在苏门答腊岛上。开花时能有 1 米宽，直接长在地上，没有叶子，模样可怖。褐红色花瓣厚而坚韧，布满了疣状物，花瓣围着一个巨大的杯子，杯子的底部竖立着巨大的尖刺，散发出强烈的恶臭味。这种人类的鼻孔排斥的味道却像腐肉一样吸引着成群的苍蝇。授粉就靠它们了。种子发育得很小，外壳坚硬。它们是如何被运输又感染另一株藤本植物的，没有人确切地知道。一种可信度较高的猜测是大型动物将种子携带在脚上，在丛林中游荡时踩伤了藤本植物的匍匐茎，让萌芽的大王花种子掉了进去。

然而，在丛林中这一层的生物并不多，因为缺乏可以作为食物的叶子。在苏门答腊岛，有一些生活在森林里的小象，数量不多，犀牛更是稀少。它们在林下层四处搜索供给不多的叶子，重要的食物补充来自河岸附近的茂密植被，因为那边光线充足。在非洲，长颈鹿科一个单独的属——㺱狐狓，就是用这种方式觅食的，南美洲的貘也一样。但这些生物数量很少，分布也很稀疏。包括最近被确定为独立物种的非洲森林象，也很罕见，一个小家族一起生活，一个家族里最多有十几头个体。在丛林中，你找不到世界上几乎所有地区都存在的大群食草动物。没有成队的羚羊从你身边跑开，也不会有大群兔子冒出头来，惊恐不安地中断进食逃回洞里。丛林中的食草动物在高高的林冠层树叶间生活。没有大型动物能靠森林地面的落叶生存下去。

但是，好多小生物可以。许多不同种类甲虫的蛴螬和成虫在烂树枝和腐木中间一路大嚼特嚼。其中，白蚁数量最多，分布最广，它们在落叶中孜孜不倦地劳作，把小块小块的叶片带回巢穴。大多数时候它们都在倒下的树木中或地表的一层叶子下面悄无声息地工作，但偶尔你也能遇到它们举着叶子并排行进，排成二三十列。行进的路线是用无数头发丝一般细的足，上百万次迈着极轻微的脚步踩出来的，十分光滑。它们像一条连续的带子一样行进数百米，最后消失在地上的一个洞或树干上的一个裂缝中，进入它们隐蔽的巢穴。

纤维素是制造植物细胞壁的材料，很难消化。死亡的植物组织失去了肉质细胞内容物和汁液，只剩下纤维素，对大多数生物而言，它确实非常没有营养。一些白蚁通过维持肠道后半部分中被称为鞭毛虫的微生物菌落来应对。鞭毛虫能够分解纤维素，并从中生产出糖。白蚁不仅会吸收鞭毛虫生命过程的副产物，还会消化大量鞭毛虫来获得蛋白质。这种白蚁的幼蚁从卵中孵化出来后的第一件事就是吮吸成虫的尾部，为自己装载这些宝贵的原生动物。也有许多白蚁使用真菌来帮助解决纤维素问题。觅食的工蚁回到巢穴中后，会将少量的叶子碎片带到特殊的房间，咀嚼成一种海绵状的堆肥，真菌在上面生长，形成一层交织的细线。真菌从堆肥中吸收了营养物质后，留下一种蜂蜜色的碎屑。白蚁要吃的就是这个，而不是真菌本身。年轻的、处于性活跃期的雌性在飞去寻找新的栖息地时，也会携带这种真菌的孢子，就像携带必不可少的嫁妆。

由于白蚁是少数能够将腐烂的植被转化为生命组织的生物，它们构成了营养物质从一种生物体流向另一种生物体的关键环节。许多生物以白蚁为食。有些蚂蚁几乎完全靠袭击白蚁的巢穴生存，掳走幼虫和工蚁作为食物。一旦发现白蚁队列，鸟儿和青蛙就会坐在行进的队伍旁边，一只接一只地吃掉白蚁，而白蚁队列丝毫不为所动，依然顽强地向前。非洲和亚洲的穿山甲，南美洲的小食蚁兽，通常被简单地叫作食"蚁"兽，实际上它们几乎只吃白蚁。它们肌肉发达的前腿可以掘开白蚁的巢穴，长长的鼻子和鞭状的舌头可以伸入被破坏的甬道中，一次带出来数百只白蚁。

除了枯叶外，丛林地面也可以提供一些其他的"素食"。上面掉下来的坚果和水果很容易被采集，块茎和根也可以被挖出来，林下灌木也能发出一些芽和叶。各个大陆的丛林里，都至少有一种哺乳动物能靠这些来生存，亚洲有鼷鹿，非洲有皇家岛羚，南美洲有刺豚鼠。这三种动物属于完全不同的家族。鼷鹿，也叫麝香鹿，既不是老鼠也不是鹿，而是与猪和早期反刍动物有亲缘关系；皇家岛羚确实是一种羚羊，只是小得不得了；刺豚鼠是一种啮齿动物。但它们看起来都非常相似——大约有野兔那么大，铅笔粗细的腿看起来非常脆弱，末端长着锋利的爪或蹄，于是这些动物奔跑时都像是踮着脚。它们有非常相似的习性，高度紧张，受到惊吓时先是僵住，然后疯狂地冲出去，曲里拐弯地穿过丛林的地面。鼷鹿和刺豚鼠之间甚至共享同样的信号传递方法——小声地、急促地跺脚。它们也都吃叶子和芽、水果、种子、坚果和真菌。

好些鸟类也在地上找到了足够的食物维持生活，很少离开地面，只有在遭受极端威胁时才会飞上树枝。其中之一就是原鸡，人类饲养的鸡的祖先。它在马来西亚仍然很常见，也会一大早就发出高亢的鸡鸣声，只是听起来有点像被掐住了脖子。在热带丛林里听见这样的鸡鸣声，会让人感觉十分不和谐。南美洲也有类似的种，叫凤冠雉，一种长得像黑色火鸡的鸟类。这些地面鸟类中的一两种已经长得非常大，几乎飞不起来了。东南亚的大眼斑雉（*Argusianus argus*）是观赏性最强的雉鸡之一。雌性的形状和大小也很像火鸡，但雄性就非常不同了。它的尾巴非常大，长度可达 1 米，翅膀上的羽毛也非常大，每根羽毛上都装饰着一排很像眼睛的大斑点。因此人们用希腊神话中的多眼怪物阿耳戈斯（Argus）的名字给它命名。雄鸟会在森林中清理出一个直径为 6 米左右的圆形舞台，并且维护得很干净，上面没有落叶和树枝。如果幼苗拔不出来，它就会在幼苗的根部周围啄来啄去，把幼苗弄死。它会发出响亮的叫声，这样的声音每日在森林里回荡不绝，召唤雌性来到这里。如果有雌鸟来了，它会把雌鸟带到自己的圆形舞台，开始在它面前跳舞，舞步越来越兴奋。而后突然间竖起自己巨大的尾巴，扇动着翅膀，亮出了一副高耸的、装饰着一排排眼斑的羽毛屏风。

　　新几内亚的一些极乐鸟也会在地面上开辟舞蹈场地，以类似的方式展示自己。阿法六线风鸟会直立起舞，展开一条天鹅绒般的黑色羽毛裙，头上六根信号旗一样的羽毛一颤一颤的。华美极乐鸟在低矮的树枝上表演，胸前有一个巨大的三角形盾牌，由斑斓的蓝绿色羽毛组成，在昏暗的光线下闪闪发光。在南美洲，最棒的舞者是动冠伞鸟。这种鸟的表演方式不是舞台上孤单的独舞，而是由十一二只鸟组成的群舞。雄鸟是炫目的橙色鸟类，有黑色的翅膀和橙色的半圆形羽冠，羽冠从脸前面垂下，几乎遮住了喙。在繁殖季节，它们会在森林某处聚集，每只雄鸟选一块地方当作自己的小舞台。这些鸟多数时候都蹲在舞台旁边的幼树或藤条上，一旦近旁出现了周身褐色的雌鸟，它们会一齐尖叫着扑向自己的舞台，开始它们的表演。一会儿歪着头下腰，让头顶的羽冠保持水平状态。一会儿又上蹿下跳，咂巴着喙的上下部，发出清晰的咔嗒声。有时直接定住，一动不动，高度紧绷。最后雌鸟会飞到其中一个舞台上，轻轻咬着舞者臀部外部的丝状羽毛。雄鸟则很快跳起来，原地骑到它身上。交配只需要几秒钟。然后雌鸟就要飞回森林，在那儿它将独自产卵，在棕色羽毛下不动声色地养育雏鸟，并不需要雄鸟的帮助，而此刻的雄鸟依旧在地面上又蹦又跳，像火焰一般耀眼。

丛林地面上分布最广、杂食程度最高的居民，毫无疑问是智人。人类最初在开阔的大草原上进化，但很可能很早就挺进了丛林。最开始，人类是游猎者，这一点无可争议。扎伊尔俾格米人、马来西亚的原住民和亚马孙人今天仍然从事着游猎活动。这些人种都身材矮小。扎伊尔的姆布蒂人是最矮的，男性平均身高不到 1.5 米，女性更矮。这可能与饮食贫乏有关，但事实上矮小的体形非常适合在丛林中生活——在林间行动起来既迅速，又悄无声息。他们的身体苗条，大部分无毛，出汗很少，这种冷却身体的方法在世界上其他地方很有效，在丛林中却效果不佳，因为那里的空气非常潮湿，皮肤上的水分蒸发缓慢。来自寒冷地区的旅行者都深有体会，他们汗流浃背，体温却没有降低。而他们的向导仍然保持着皮肤干燥和凉爽，丝毫不为所困。

这些游牧民族对丛林的了解是细致入微的。他们比任何其他生物都懂得如何从丛林的各个部分找到食物。从地面收集块茎和坚果。切开倒伏的树干，挑出可食用的甲虫幼虫，爬上树采摘水果，从野生蜜蜂的巢中抽出盛满蜂蜜的格子，切开某些特殊的藤本植物，切口会像水龙头一样喷出水来，可供饮用。他们是娴熟、勇敢的猎人。姆布蒂人用网捕捉皇家岛羚，为猎捕森林象开展长时间的风险颇高的狩猎行动。所有这些人种都知道如何模仿地栖鸟类和哺乳动物的叫声，诱惑它们进入矛和箭的射程。由于绝大多数动物生活在林冠层中，人们不得不研制射程足够远的武器。亚马孙河流域的人们使用吹管飞镖。用竹子的内层或一根高芦苇，去掉节间部分，放在一个木质外壳内，为其提供一定的硬度和保护。飞镖一端染上毒，另一端安装蓬松的种子纤维，好与管道贴紧，获得气密性。这种飞镖的劲力很大，可以击中 30 米开外的目标。毒液的毒性可以让被击中的动物在 1 分钟左右失去知觉和抓握力。飞镖发射和飞行的过程都悄然无声。鸟群中的一只鸟被击中，摔下去，其余的鸟很可能毫无察觉，猎人完全有机会再猎捕另一只。

　　和世界各地的其他所有人一样，游牧民族的生存除了食物外还有其他需求。干旱森林为他们提供了许多其他东西。青蛙用杆穿起来烤，能流出制作吹管飞镖需要的毒液；藤蔓纤维可以制成网；某些树上渗出的树脂可以制成上好的火炬；棕榈叶可以用作棚屋防水的屋顶材料。当举行节日和仪式时，碾碎种子可以得到装饰身体的颜料。鹦鹉羽毛和蜂鸟皮则提供了最华美的头饰。

　　然而，游牧生活是艰苦的，寻找食物既费时又费力。许多丛林居民喜欢在森林中开辟空地，建造菜园。最初他们使用的绑着石刃的斧子，制作过程需要经过大量切削和抛光。即使使用金属刀片，伐木的工作也是漫长而艰巨的。一片森林被砍伐，树叶和树枝被烧毁后，他们在放倒的树干中种植了木薯、玉米、芋头或水稻。但由于土壤贫瘠，在三四个季节后，种植出的作物就不再有营养价值，人们必须继续前进，再清理出一块土地。

無論人类是否砍伐，森林中的树木最终都会倒下。许多树能站立几个世纪，但终有一天，树液不再从巨大的树干中流出。老旧的树枝一边受到霉菌和真菌的攻击，一边被隧道昆虫挖得千疮百孔，再也无法承受树叶和附生植物的负担。一根大树枝断了，树失去关键的平衡，最后的结局可能伴随着暴风雨到来，暴雨给倾斜的树冠增加了成吨的重量，雷电放出了最后一击——大树缓慢地倒了下来。与邻树连在一起的藤蔓突然被拉紧，有一些绷断了，其他的依然拉着周围的树枝。树冠以越来越快的速度向前倾覆，伴随着巨大、持续的断裂声。第一根树枝砸到了地面上，发出一连串来复枪一样的响声，几秒钟后，巨大的树干落地反弹，两次重重的撞击声震耳欲聋。然后一切归于宁静，只有被气流从树枝上带下来的树叶发出轻柔的啪嗒声，轻轻地落到大树的残骸之上。

一棵老树的死亡和倒下，让鸟、蛇、猴子和青蛙流离失所，但也给之前一只苟活在树荫下的树苗带来了生的希望。许多树苗在 10 年时间里只长了 1 英尺高，一直等待着这一刻，对它们而言，一场竞赛现在已经开始了。奖品和终点就是林冠上被撕出来的这一片空隙，此刻正闪耀着阳光。这道强烈的、见所未见的阳光，是它们生命中头一次的经历，触发了它们的生长。它们迅速地发出叶子和树枝，奋力向上，但还有植物比它们生长得更快。休眠在地下的种子迅速发芽。香蕉、姜科植物、蝎尾蕉和号角树，所有生活在河岸或森林空地阳光下的植物都现出了生机，展开大而宽的叶子吸收阳光，紧接着开花和结果。但在几年内，树苗会再次超越它们。长着长着，其中一两棵占据了领先地位，可能因为自身具有天然活力，也可能因为占据了一个有利的起点，抑或因为扎根的那片土壤更有营养。随着树枝的伸展，它们的竞争对手开始被阴影笼罩。阳光的缺乏让较矮的树木变得虚弱，黯然退场。几十年后，只有一两棵树长到了那么高，开出了花。丛林的树冠再次合拢，下层的生命也再度回归稳定与秩序。

第五章

无边草海

SEAS OF GRASS

当你穿过了森林——热带丛林也好，温带森林也好，离永不干涸的无边大海越来越远，越来越深入更加干燥的地区，树木的数量和高度都会开始下降。维持树枝、叶子和粗壮的树干都有最低水分要求。因此，在降雨量很低，或者土壤呈沙质且排水性太好的情况下，土壤深处缺乏水分，树木无法继续生长，森林也终于到达了它的边界。出现在你面前的，是一马平川、浩瀚无垠的草原。

草这个名字涵盖了大量的植物。事实上，禾本科[1]是植物王国最

---

1 原文为"grass family"，即禾本科植物，通常被称为"草"，中英文中均是如此。虽然并非所有草原上的草都是禾本科植物，也有豆科、莎草科、菊科和藜科植物等，其中一些植物在本章节亦有提及，但此处原文所描述的是草原上最为常见的"草"，即禾本科。"最大的科之一"、"10 000种"和花朵性状的表述，均符合禾本科植物特征。此外，也不是所有禾本科植物都是低矮的"草"，如竹子。——译者注

大的科之一，全世界大约有 10 000 个不同的种。草与早期植物并不相似，而是高度进化的植物，你可以从叶子的简单特征中推测出这一点。它们的花通常没那么容易被找到。草生长在开阔、无树的地域，几乎总有风的吹拂，它们可以依靠风来传粉。由于不需要吸引动物传粉者，因此花朵不需要形状惹眼或者色彩鲜艳。相反，它们又小又单调，花瓣是鱼鳞似的小片而不是大大的，成簇生长在较高的茎上，让风可以吹得着。

草最需要的条件是光线充足。它们不能在森林的浓荫下生长，但可以忍受许多其他会使植物严重受损或死亡的困难。它们不仅可以承受极小的降雨量，也可以承受灼热的阳光。它们可以在火灾中生存，即使火焰烧焦了叶子，靠近土壤表层的根茎受到的损害也很有限。草甚至可以忍受割草机的多齿刀片规律性的切割。

这种非凡的耐力来自草的特殊生长方式。大多数其他植物的叶子是从枝条上的芽苞中发出来的，靠着展开分岔的叶脉网络来输送水分，迅速生长成形。在这之后叶子的生长就停止了。如果叶片受损，树可以通过封闭破裂的叶脉来止住树液的流失，但无法做到自我修复。草的叶子不一样。它的叶脉不是网状，而是一排沿着叶片伸展的、不分岔的直线。生长点位于叶子的底部，在植物的整个生命周期中都保持活跃。如果叶子的前端受损或者被修剪，那么后端就会开始生长，恢复原始长度。此外，草这种植物的扩张并不完全依赖种子，它还可以沿着地面水平伸展草茎，茎的每个节都可以生根发芽。

草的根是纤维状的，长得非常密集，扩展到地表以下几厘米深，形成盘结的一团。即使在长期干旱期间，这种草皮也能将土壤固定在一起，防止土被风吹走。若逢甘霖，一天左右便能发出青青的草叶。

这些高效持久的植物在相对较晚的时间才进化出来。恐龙活着的时候它们还不存在，生物只能靠蕨类、苏铁和针叶树等较粗糙的食物生存。那时森林中新进化的树种已经开出了花，湖中也有星星点点的百合科植物盛放，但林地以外的干燥平原依然是光秃秃的。直到爬行动物时代结束很久之后，大约 2 500 万年前，当哺乳动物开始大规模扩张时，草才开始在平原上定植。它们取得了非凡的成功。我们通常认为非鸟类恐龙灭绝后便是哺乳动物的时代，其实称之为草的时代也许更加合理。

今天，大地表面的大约四分之一为草本植物所覆盖。每个国家和地区都给自己的草原赋予了专属名称——南美洲南部的潘帕斯草原和坎波草原，北部奥里诺科河两岸平原上的拉诺斯草原；北美大草原和中亚的干草原；非洲南部的疏林草原和东部的稀树草原。这些地区的生产力非常高。单株草本植物可能只活几年，就会被新长出来的幼苗取代。它们的枯叶形成了一层腐殖质，既能为下方的土壤提供营养，也能让土变得松软。在草本植物中间，生长着许多小型开花植物，在一定程度上受到草的遮蔽和保护——将氮固定在根部瘤状凸起中的野豌豆，花朵由大量小花组成的雏菊和蒲公英，还有将营养储存在鳞茎和肿状根里的其他植物。草生生不息——不论是干旱还是洪水，放牧还是野火，湿润地区的青草永远繁茂多汁，干燥地区的草干枯难嚼，但依然可以食用，为众多动物提供了近在嘴边的飨宴。实际上，1公顷的草地能承受的生物量比所有其他生态系统中的都要高。

这个盘根错节、草叶青青的微型丛林拥有自己的微小居民群落。蚱蜢啃着叶片，蚜虫用它们针状口器刺穿叶脉吮吸草汁，甲虫咀嚼着枯叶。温带地区的蚯蚓蠕动着钻出洞穴，收集枯叶带到地下去消化。热带草原上随处可见辛勤劳作的白蚁。

白蚁的皮肤又软又薄，不能有效地保持水分。如果是在丛林潮湿的空气里，这不会造成任何问题，那里有成群的工蚁在地面上大摇大摆地行进。但在开阔的平原上，这种行为几乎是致命的。阳光会烤干白蚁小小的身体，让它们脱水而亡。有一两种白蚁能够在夜晚凉爽的时候毫无防护地在地面上活动。但大多数草原上的白蚁是在隧道里移动的，有时是在土壤浅层挖掘隧道，有时用咀嚼过的泥来封顶。如果这种生物计划分食一棵小型灌木，它们首先会用隆起的泥墙围住整株植物，然后在黑暗和潮湿的环境中开始不知疲倦地劳作。

保存水分的需要也决定了白蚁群必须为自己筑巢。一些白蚁会挖掘地下室和甬道。还有很多种会建造巨大的泥堡。工蚁咀嚼泥土，把泥与颚上一个特殊腺体分泌的液体水泥混合起来，制造出一颗小泥丸，然后通过晃动头部将泥丸揉进泥墙合适的位置，把墙越砌越高。数百万只白蚁会合作建造巨大的居所，有些高三四米，有些竖起的细长尖顶可高达 7 米。两侧的扶壁里嵌入了通风烟囱，排出多余的气体。一道道深井穿过地基一直延伸到潮湿的地面，工蚁们会去那里收集水，涂在廊道内壁上保持内部的微气候，以免湿度下降威胁它们的生命。

蚂蚁也在草原上生活。从表面上看它们可能和白蚁很像，但其实它们是截然不同的昆虫。白蚁与蟑螂属于同一类，而蚂蚁与黄蜂有亲缘关系，这一点从蚂蚁有蜂腰就可以看出来，白蚁没有。和白蚁不同的是，蚂蚁的身体也像黄蜂一样有一层坚硬、不透水的外皮，所以即使是在阳光下的地面上行走也几乎没有脱水的风险。收获蚁成群结队地穿过草地，孜孜不倦地收集草籽，带回地下的粮仓。在那里，分属特殊工种的工蚁用巨大的口器将草籽剪开，以方便其他没有这种装备的成员进食。有些种类的蚂蚁如切叶蚁吃鲜草叶，它们会用剪刀状的颚将草的叶子和茎剪成易于运输的小块。

蚂蚁没办法像白蚁一样充分地消化纤维素，它们需要真菌的帮助。白蚁会培育真菌，蚂蚁则不然，它直接吃。因为是建造在地下，所以切叶蚁的巢不如白蚁丘那么明显，但更为宽敞。廊道可深入地下 6 米，铺开面积可达 200 平方米，为 700 万只蚂蚁提供家园。

一些其他种类的蚂蚁不用真菌，而是以蚜虫作为媒介来吸收草中的营养物质。蚜虫这种昆虫只会消化吮吸的草汁的一小部分，其余的则以含糖液体的形式排泄出去。人们把这种液体称为蜜露，虽然这有点言过其实。通常可以在花园中被蚜虫侵蚀的植物下方的地面上找到这种物质，以一层黏性薄膜的形式出现。然而，某些蚂蚁认为蜜露是一种极好的食物，它们成群地饲养蚜虫，用人类牧民对待奶牛的方式给蚜虫"挤奶"。蚂蚁会用触角反复触碰蚜虫，刺激蚜虫产生比平时更多的蜜露。蚂蚁保护蚜虫，通过喷射出一股一股的蚁酸驱赶其他入侵蚜虫牧场的昆虫。蚂蚁还会用草或泥土在蚜虫特别多的根茎周围建造特殊的庇护所，剥夺它们的活动自由，让蚜虫只能在这些茎或根上吃草，就像工业化农场里的动物一样。夏天结束时，蚜虫会死掉，蚂蚁养殖户则将蚜虫卵带到它们的巢穴中安全地存放。第二年春天小蚜虫孵化后，蚂蚁又把它们带出来，放在新鲜的牧场上吃草。

所有这些昆虫——蚜虫和蚂蚁、白蚁和蚱蜢、异翅目昆虫和甲虫，都是其他大型生物的潜在食物。南美洲的草原上游荡着一种长得形态奇特的哺乳动物，像是某种奢华的纹章图腾。它有一只大狗那么大，头部拉长成一个长而弯曲的探测器，眼睛和小小的耳朵长在顶端，底部有鼻孔和一个窄窄的小嘴。披着一身粗糙的毛，巨大的尾巴占了身体一半长，尾毛上下与身体等高，在身后像旗帜一样夸张地伸着。

这就是大食蚁兽。它的视力很差，听力几乎没有，但嗅觉很好，能够通过蚁丘壁里已经干燥的唾液气味来定位白蚁。一旦发现蚁巢，食蚁兽就会用前肢弯曲的长爪扒开一条主隧道入口，把口鼻伸进去。然后它那长鞭子一样的舌头便会以极快的速度探入白蚁的甬道，频率可达每分钟 160 次。每次舌头弹出时都裹着一层新鲜唾液，每次取出都带着大量白蚁。没牙齿的口腔内部就像一个隧道，白蚁被刮下来后被整体吞下肚。食蚁兽胃肌肉发达，里面有少量沙石，胃部翻搅消化时，沙石有助于粉碎食物。按照这种方式，一只成年大食蚁兽一天就能吃掉约 30 000 只白蚁。

还有一种不太专一的食客——犰狳，也吃蚂蚁和白蚁。正如它们的名字所示，犰狳披盔戴甲，肩上有骨头支撑的灵活的角质盾板，臀部也有一个，腰部分布着若干节带状鳞甲，将两者连接起来。不同种类的犰狳中，最专注于吃白蚁的是大犰狳。它的体形与大食蚁兽相当，但采集食物的态度要热烈得多。大犰狳并不会慢条斯理地将优雅的鼻子伸进蚁丘出口的甬道，而是会挖出一条巨大的隧洞，用它带着装甲的背部把隧洞的天花板拱塌，前腿不停地把泥土往外扫，一直挖到蚁群的中心，全然不在乎成千上万的白蚁士兵愤怒的啃咬。

它有一些更小型的犰狳亲戚，如七带犰狳、长毛犰狳和裸尾犰狳，它们的饮食口味都更加广泛，不光吃蚂蚁和白蚁，还吃雏鸟、蚱蜢，甚至是水果和树根。只有三带犰狳能通过蜷曲身体来保护自己。它啪的一声合上时，尾巴底部的三角形盾板与头部的三角形盾板相吻合，整个身体就成了一个葡萄柚大小、坚不可摧的装甲球。它高大的亲戚也几乎不害怕狐狸或鹰等捕食者。大犰狳像大食蚁兽一样足够大，总能用它的前腿施加强有力的击打。而较小的犰狳有足够硬实的装甲抵御最初几轮攻击，对待任何后续攻击，它们都可以通过挖出通往安全地带的地道来解决。

当然，这些吃草的昆虫并不会独享青草。棕色的豚鼠长着扁扁的鼻子，没有尾巴，是家养豚鼠的野外先祖，它们在草地下面挖隧道，来回踩平，然后沿路采食多汁的茎干。兔鼠是一种大型啮齿动物，体形与肥胖的小猎犬相当。它们生活在地下的窝里，晚上会出现在洞穴入口附近，在可以迅速返回洞穴的范围内悠闲地啃食草皮。这样，有任何一丝危险它们就能轻松地跑回安全的地方。另一种豚鼠——巴塔哥尼亚豚鼠，体形更大，在白天觅食的范围更广。一旦离开洞穴，它的安全完全取决于它的奔跑速度。它有细长的腿和欧洲野兔那种高度警惕的性情，总能在最意想不到的时刻忽地一跃而起。

这些食草动物构成了许多食肉动物的猎物。卡拉卡拉鹰会悄悄穿过草地，扑向豚鼠。河狐也是如此，它的外观与胡狼相似。犬科动物中体形更大的有鬃狼，也游荡在潘帕斯草原上。它看起来更像狐狸而不是狼，一只狐狸照在游乐场哈哈镜中的模样：头只比牧羊犬的头大一点，但腿非常长，站起来能有1米高。长腿能让它跑得很快，但尚不清楚它这样跑得这么快是为了什么。除了人类之外，尚无任何大型动物追赶它的记录，而捕捉豚鼠并不需要这样的速度。事实上，它的胃口也不大，比起更大的猎物，它更喜欢雏鸟、蜥蜴，甚至是蚱蜢和蜗牛，也吃根和水果。

潘帕斯草原上最大的动物并不是掠食动物，而是一种食草动物。它比鬃狼还重，站起来是鬃狼的2倍高。你可能猜到了，这不是另一种哺乳动物，而是一种鸟类——美洲鸵。它看起来像鸵鸟，不能飞，长着蓬松无用的翅膀，细长的脖颈和骨架粗壮的长腿赋予了它超快的速度。虽然它摄取的食物种类繁多，包括昆虫和小型啮齿动物，但它的主食是草。在一年中的某些时期，美洲鸵在潘帕斯草原上集结成群，壮观程度堪比羚羊群。

如果毫无心理准备，美洲鸵巢穴的景象也许会让你大吃一惊。它的蛋是鸡蛋的 10 倍大。就这么大的鸟而言，这可能并不让人意外，意外的是一个巢通常至少有 20 颗蛋，也有超过 80 颗的实例记录。这些蛋并不是来自同一只雌性。雄鸟是一夫多妻制的。它会在地上挖出一块浅浅的洼地，通常是在一片矮灌木丛或高草丛中，然后用干树叶铺上，这样就算筑好巢了。雄鸟会追求多只雌鸟并与它们交配，它围绕着雌鸟跳舞，摆动着脖子和周围的环状羽毛。随着雌鸟和雄鸟越来越兴奋，它们甚至会把脖子缠绕起来。然后雌鸟蹲下，雄鸟会骑上去。不久之后，雌鸟会来到巢前拜访，雄鸟则从巢中起身，让雌鸟把蛋放进巢里。雌鸟一只接一只地来，如果某一只雌鸟来的时候巢正被另一只雌鸟占着，它会把蛋放在窝外，让雄鸟用喙把蛋推进那一圈蛋的里面去。有时雌鸟来得太多，贡献的蛋也太多，雄鸟孵蛋时没办法把所有的蛋都盖住。这种情况下它会把多余的蛋弃置巢外，任由它们变冷腐坏。

美洲鸵是强大的守护者，其他任何敢靠近其巢穴的生物都可能被它撞走，所以美洲鸵没有必要让它的巢穴保持隐蔽。但潘帕斯草原上其他鸟类都没有它的体形和力量，对它们来说，找到一个安全的巢穴是一个关键问题。

灶巢鸟是少数能自己建造比较安全的防盗巢的鸟类之一。它会把巢搭建在柱子上或孤立大树的低枝上。使用的材料只是泥土和一点草，但它可以用这些建造出一个岩石般坚硬的圆顶小屋，内室和入口处隔着一堵墙，任谁的鼻子和爪子都几乎无法碰到蛋或雏鸟。

扑翅䴕是平原上的一种啄木鸟，主要吃蚂蚁和白蚁，经常利用白蚁丘作为自己的巢。凭借祖先留下来的技能，它能够在蚁丘坚硬的墙壁上挖一个洞。然后白蚁会从里侧修补破损的甬道，阻止鸟继续深入，这样扑翅䴕就有了一个墙壁光滑的房间来放置它的蛋。

最初由觅食的犰狳或者兔鼠挖出来的洞经常被一种小型猫头鹰征用。它们自己挖洞的实力不弱，有时也确实会挖，但它们似乎更喜欢当房客。每一个兔鼠的洞门口，都会站着一只哨兵似的穴小鸮。当你走近时，它会用锐利的黄眼睛瞪着你，十分激动又滑稽地上蹿下跳，然后在某一刻它会丧失斗志，躲进借来的安全洞穴里。

卡拉卡拉鹰喜欢在小树上筑巢，如果没找到合适的，它也会在地上筑巢。卡拉卡拉鹰的装备十分精良，强大的鹰喙和鹰爪足够赶走大多数生物，还可以抓捕蜥蜴和蛇。相反，距翅麦鸡是一种体形小得多的鸟类，通常吃昆虫和其他小型无脊椎动物，只有一个小小的喙，没有大爪子。乍看起来，它没什么防御能力保护自己的蛋不被爬行动物或潜行的犰狳吃掉。但如果你碰巧走到了附近，你很快便会发现距翅麦鸡是一个勇敢的护巢者。它会扇动翅膀，发出刺耳的尖叫，从空中俯冲下来，甚至会用翅膀猛击你的头。如果这还不能阻止你，它就会落到地上，展开一侧翅膀，好像受伤了一样，继续大声尖叫。人们通常把这种行为叫作拟伤。当然，它的表演非常特别，足以吸引你——或许还有其他生物——走过去细细端详，这样就远离了它的巢穴。有时它的方式甚至更迂回。它着陆后，半张着翅膀停在草地上，开始用喙收集周围的小块草，就像坐在巢上一样。如果你走过去仔细观察它所在的地方，它会再次起飞，那时你才会发现被愚弄了。那里什么也没有。如果所有表演都失败了，距翅麦鸡还有另一个防御措施。蛋和雏鸟的伪装非常完美，即使你离它们只有几英寸远也可能注意不到。这种策略组合似乎非常有效，草原的某些地方几乎遍地都是这种鸟。它们发出的"特洛－特洛（tero-tero）"叫声是潘帕斯草原上最常见的、最令人回味的声音。

平原上平坦且均匀的地貌和覆盖其上恒久不变的草海，共同造就了这里的动物群落。与居住在丛林和林地的动物相比，这里的物种相对较少，相互关系也比较简单。昆虫和啮齿动物以草为食。较大型的食草动物会产生粪便，这些粪便留在平原上，被昆虫重新加工或被雨水冲刷，融入泥土。这些昆虫会被犰狳和鸟类吃掉，啮齿动物会被鹰和食肉哺乳动物吃掉。掠食动物死后，它们的血肉要么通过食腐动物的消化，要么直接腐烂，回归土壤。草会从土壤中合成营养物质，继续发芽，养活新一代的食草动物。

这样的群落，广泛分布在阿根廷南部凉爽的潘帕斯草原和草原以北 3 000 千米的范围内，穿过"白银之河"两岸大草原一直到巴拉圭再到巴西南部，变化甚微。然而，到了亚马孙盆地的南缘，雨水充足，足够树木生长，于是草原到了尽头，往前就是丛林了。

再往北1 500千米，在亚马孙河的另一边，围绕着奥里诺科河的中段分布着更加浩瀚的草原，人称拉诺斯草原。如果你在12月去那里，你会看到一幅和潘帕斯草原很相似的景色。蔚蓝的天空，无边的草海在高高的云层下随风荡漾。然而动物种群却截然不同。其中一些鸟类，如距翅麦鸡、卡拉卡拉鹰还是一样，但草里没有洞，也没有窝。在大草原上再待上几个月，地洞和地巢消失以及没有树木生长的原因就显而易见了。一时风卷云聚，天空阴云密布，大雨随之倾盆而下。河流以惊人的速度上涨，西边500千米处安第斯山脉一侧的暴雨加快了河流上涨的速度，而后河水终于泛滥了。这里的土壤是厚厚的黏土，因此水不会渗下去，而是以浅洪水的形式在大草原上蔓延开来。任何树生长在这里都会被水淹掉根系，穴居动物也必然面临淹死的命运。

轮到拉诺斯草原上的主要食草动物崭露头角了。水豚是所有啮齿动物中最大的，足有家猪那么大，曾经被唤作奥里诺科河猪。一身长长的棕色毛发，靠蹼足来游泳。它的眼睛、耳朵和鼻孔都长在头顶上，因此可以几乎完全浸入水里，同时仍然能了解周围发生的事情。它生活在从阿根廷到哥伦比亚的河流、湖泊和沼泽中，草原和丛林中也有发现，靠吃水草、河岸边的草和其他植物为生。大草原上发洪水时，它们的活动范围就突然从狭长的河边地带扩大到广阔的潟湖。水豚充分利用了这种新的自由。一窝子水豚，能有二三十只，在浅滩上划水，拔起淹掉的草，结队游过较深的水域。

这里没有其他的食草动物具备它们的水陆两栖能力，无论是哺乳动物、鸟类还是昆虫。这几个月的时间里，它们可以独享这片巨大的草原。

大草原以北和以西，巴拿马、危地马拉和墨西哥南部都是丛林的地盘。但跨越美国边境之后，得克萨斯州南部又是草原。美国大草原沿着落基山脉东侧绵延，大约有 3 000 千米长，1 000 千米宽，穿过俄克拉何马州、堪萨斯州、怀俄明州和蒙大拿州，直到加拿大边境甚至更远，与北方森林的南部边缘接壤。这是世界上最辽阔、最富饶的草原。

这里白蚁很少，也没有专门食蚁的动物，但在其他方面，潘帕斯草原上大多数的动物家族在这里也能找到。草地上昆虫随处可见，是众多鸟类的食物。与群居的穴居兔鼠相对，这里有群居的穴居草原犬鼠；河狐的同类有郊狼，与卡拉卡拉鹰相对的是红尾鸶。但北美大草原自有它惊世骇俗的不同：在草原上漫步的最大的食草动物，不是美洲鸵这样的鸟类，而是巨大的哺乳动物——野牛。

野牛是一种野生牛科动物。它们和羚羊、鹿同属一个庞大的哺乳动物家族，这个家族的动物们进化出了一种特殊的消化草的方式——反刍。反刍动物的胃分为几个特殊的部分。第一个腔室是瘤胃，主要接收刚吞下的粗嚼过的草。内部丰富的菌群和原生动物开始工作，它们分解叶子的纤维素的方式和一些白蚁肠道里小规模的微生物群

111

落是一样的。几个小时后，这些半消化的叶子被瘤胃旁边的一个由肌肉组成的囊袋分离成块状，这些块状物被一个一个地送回喉咙，由牙齿进行第二次长时间的研磨——这个过程广为人知，叫作咀嚼反刍。然后，这团东西第二次被吞下，绕过前两个腔室到达第三个腔室，也就是真正的胃，在那里，经过更多消化液的进一步作用，草中的营养物质最终通过胃壁被吸收。

反刍动物大约在 2 000 万年前在北部大陆的某个地方进化，随后广泛扩散，向西进入欧洲，向南进入非洲，向东进入北美。然而，它们在南美洲的开拓进程极不稳定，因为由巴拿马地峡形成的大陆桥并不是一直存在，在很长一段时间里，南美洲是一个岛屿，与世界其他地方隔绝，反刍动物在这里的代表只有少数几种鹿和美洲驼。但反刍动物在北美得以发展壮大，欧洲人第一次到达这片大草原时，这里反刍动物的群体之大曾让他们瞠目结舌。

野牛体形巨大，是美洲现存动物中最大、最重的，站立时肩高近 2 米，体重可达 1 吨。19 世纪初，穿越大草原的旅行者错误地把它们叫作水牛，他们描述了那些遍布大地、波浪般起伏的棕色背脊，四面八方地散开直到天际。有人写道，密不透风的野牛群以稳定的速度小跑着向前，整群牛花了一个多小时才全部从他身边经过。人们曾几次尝试估算当时大草原上野牛的数量。即使最保守的判断也认为在 3 000 万头左右，一些权威人士则认为实际种群数量是这个数字的 2 倍。

夏季，野牛在活动范围中靠北的平原上吃草。到了秋天，当草停止生长时，它们会向南迁徙 500 千米或者更远，路线总是很固定，地面也被它们踩得无比坚实，连人类定居者都会选择沿着野牛踩过的大道迁移。

与牛群一起生活在草原上的部落，欧洲人后来称之为大平原印第安人。他们用弓和箭猎杀野牛，从野牛身上获得几乎所有他们需要的东西。肉用来吃，皮用来做衣服，牛角被雕刻成杯子，骨头被雕刻成工具。绳索、袋子、雪橇、帐篷罩的原材料都来自野牛。人们心中神的形象和精神也源自野牛。人类从未与一种动物物种产生如此密切的联系。

虽然平原上的人对野牛的利用十分彻底，但也只是为满足自己的即刻所需。第一批白人定居者则不同。对他们来说，吃草的野牛需要变成更容易售卖的肉——牛肉。野牛蹄子的踩踏，使得已经驯化的、能生产面粉的小麦难以取代本地草种生根发芽。同时，摆脱野牛也能间接地摆脱"不受欢迎"的原住民，因为没有野牛，原住民就很难生存。因此，野牛必须被消灭。

屠杀开始于 1830 年左右。定居者已经不是为了食物而杀牛。他们射杀，仅仅是为了消灭它们。1865 年，东西向铁路横跨整个大陆，将野牛群一分为二。北方的野牛群再也不能不受阻碍地向南迁徙了。著名的猎人布法罗·比尔·科迪受雇于铁路公司，为施工队供给肉类。他一个人就在 18 个月内杀死了 4 000 多头野牛。当时铁路上的乘客被鼓动在行驶中的列车上射击这些大型动物，当作一种运动。有时他们会从死去的动物身上割下舌头，制成一道佳肴。曾经在很短的一段时期，水牛皮制成的豪华旅行长袍很是流行。但大多数情况下，人们只是任由堆积如山的尸体腐烂。

在 19 世纪 70 年代初的几年里，每年至少有 250 万头野牛被杀。到 19 世纪 70 年代末，铁路以南的野牛已经灭绝。1883 年，北方一个 1 万头规模的野牛群落在短短几天内就被一个简单的策略全部了结——在牛群活动范围内的每个已知水源布下枪手。所有的牛都得喝水，所有的牛都被射杀了。

到 20 世纪末，整个北美只剩下不到 600 头野牛。最后一刻，人们终于采取了保护行动。在政府的帮助下，一群自然学家设法把这些幸存下来的野牛聚集起来，把它们和其他动物一起关在动物园或者私有公园里。牛群数量缓慢增加了。今天，大约有 31 000 头野牛生活在被圈入国家公园里保护的大草原上。但这已经是最高数量——未来也不可能有更多野牛了，无论它们受到多么悉心的保护。因为我们已经不太可能为它们腾出更多的土地。

与野牛共享草原的另一种反刍动物，是一种像羚羊的动物，因为有两只分叉的短角而被称为叉角羚。它们既不是真正的羚羊，也不是真正的鹿，而是一种中间群体。它们的数量曾与野牛不相上下。19 世纪，它们的种群数量估计在 5 000 万到 1 亿只之间。由于缺乏野牛的庞大身躯和力量，它们更容易受到狼等捕食者的攻击，只能依靠速度来防御。它们是北美跑得最快的野生动物，时速可达 80 千米，但这并没能让它们摆脱人类猎人的追捕。叉角羚也遭到了无情的猎杀，1908 年，数量只剩 19 000 只。幸运的是，叉角羚现在也已经受到了保护，目前数量接近 75 万只。

　　曾经哺育着大量叉角羚和野牛的草场现在被用来放牧进口的家牛。显然，人们需要用出产的牛肉来喂养自己。但讽刺的是，现在的草原能支撑的牛群的总重量，只有最初在这片草原上进化出来、依靠草原生存的生物量的三分之一。

　　中亚的草原与美洲大草原的纬度大致相同，但其中的大部分没有那么肥沃。那里地处全球最大陆地的中心，降水很少。大部分地区的土壤夏季干燥多尘，冬季多数时间又都深度封冻。尽管如此，也有数量不少的反刍动物生活在这里。高鼻羚羊是羚羊家族货真价实的一员，虽然长相实在太过古怪。它们的大小和形态与绵羊相似，但头部甚为奇特。两只圆眼大而突出，只有雄性有角，呈琥珀色，形状简单，直直的一对角。最奇怪的是鼻子末端粗短而灵活的腔体。鼻孔开口宽而圆，内部分布着错综复杂的腺体、分泌黏液的神经和囊，很占地方，以致它的头部向前鼓了起来。这种特殊组织的功能会使吸入的空气变暖、变湿润，以及过滤灰尘。

　　这些动物来回不停地在草原上迁徙，寻找着并不丰沛的食物。它们能够感知即将发生的天气变化，会突然改变步伐，从漫步转变成敏捷的小跑，并且在几天里持续高速前进，躲避即将到来的暴风雪。

　　在 18 世纪，它们曾在西起里海海岸、东至戈壁沙漠边缘的区域内广泛分布，数量庞大，人类一次狩猎常常可以杀死数万只。因为高鼻羚羊的肉非常美味，随着越来越多的人携带更高效的武器到草原上打猎，它们被猎杀的强度越来越大。到 1829 年，在乌拉尔到伏尔加河之间生活的高鼻羚羊都已经被屠杀殆尽。到 21 世纪初，它们的数量已经减少到了不足 1 000 只。看起来，这种动物正在走向灭绝的命运。

后来，人们意识到无论是野生的还是家养的动物，没有任何其他动物能像高鼻羚羊那样有效地将草原上的草转换成肉。如果它们消失了，这片广袤的草原不会再有任何能够养活人类的生物存在。因此，猎杀被禁止了，幸存下来的动物像血统纯正的野牛一样受到了保护和管理。

种群的恢复速度让人难以置信。似乎这种动物已经产生了某种天然适应，可以应对自然灾害造成的种群数量大幅下降。在夏季干旱或冬季严寒的极端情况下，雌性繁殖率仍非常高。它们只有 4 个月大时——还没有完全长大，就可以交配。怀孕时年轻的雌性几乎停止发育，等幼崽出生后会开始继续生长。就这样，下一个繁殖季节到来时它们就有了成年的体形。此外，四分之三的雌性会生下双胎。撞上携带枪支的人类，是高鼻羚羊有史以来遭遇的最大灾难。但由于这种非凡的繁殖力，高鼻羚羊得以迅速地从这次灾难中恢复过来。50 年里，它们的数量从几百只增加到 200 多万只，哈萨克斯坦人每年会猎杀 25 万只作为食物。现在，这个物种再次陷入了极度濒危状态，在过去的 15 年中数量下降了 95%。虽然哈萨克斯坦现已禁止猎杀这一珍稀动物，但在传统医药对羚羊角的需求驱动下，各地高鼻羚羊仍在遭到非法捕猎，中国国内的种群已经被猎杀殆尽[1]。最近的一次威胁来自一种病菌，数十万只高鼻羚羊因此死亡。而疾病突然暴发的原因很可能是气候变化造成的潮湿环境。

在南部非洲的草原上，同样有大规模种群和大规模屠杀的故事上演。但在这里，至少对特定单一物种来说，末日从未降临。19世纪初，在开普敦周围定居的欧洲殖民者开始向北进发，他们发现高低起伏的草原上满是各种不同种类的羚羊——跳羚、白纹牛羚和狷羚等。跳羚数量众多，会定期进行大规模迁徙，寻找新的牧场。迁徙的时候，它们组成了庞大的集群，看起来似乎整个地表都在移动。北美叉角羚和野牛群的数量和它们相比都黯然失色。根据一位自然学家在1880年提出的观点，一个迁徙中的跳羚群里的个体数量至少有100万只。

还有一种数量可观的大型食草动物——马——曾在历史上发挥了重要作用。始祖马最初是在北美的草原上进化而来的。它们的胃里也有细菌和原生动物帮助消化草叶，但没有演化出反刍动物那样复杂的胃部构造。这个物种的发展在很长一段时间里非常成功，它们经由当时还存在的白令海峡陆桥进入了亚洲、欧洲和非洲。在美

1　盗猎只是高鼻羚羊面临的主要威胁之一，种群数量减少的主要原因还有栖息地的破坏，如农牧业的发展、公路铁路的修筑、气候变化带来的影响，以及疾病和外来物种入侵等。在中国，高鼻羚羊于1988年被列为国家一级重点保护野生动物，国家在甘肃濒危动物保护中心开展了高鼻羚羊引种、人工繁育和野化工作，中国海关也在边境口岸全力打击高鼻羚羊角等濒危物种制品跨境走私活动。——译者注

洲，它们的地位最终被早期的牛和羚羊所取代，然后就消失了。在欧洲和亚洲，它们和近亲野驴先是遭遇猎杀，而后被驯化。今天，这片区域的野马已经几乎灭绝，仅在中亚地区有一些小种群幸存。只有在非洲还能看到大群野马疾驰的景象。这些生物外表十分华丽，长着漂亮的黑白条纹。有几个种最终被发现：一种窄条纹的格利威斑马，生活在靠近撒哈拉沙漠边缘的炎热地区；西部有两种山斑马；草原上有五种平原斑马，其中有一个亚种叫作斑驴，身上并没有布满条纹，只在头和脖子上有斑纹分布，但身体是纯棕色的，腿上逐渐过渡成白色。

所有这些动物，包括羚羊和斑马在内，都被人类定居者视为猎物，用来猎杀取食，或者仅仅是取乐。到 1850 年，猎人们开始注意到猎物已不如以前那么丰富，但杀戮仍然有增无减。不到 30 年时间，兽群已经遭到了实质性的破坏。到 19 世纪末，白纹牛羚的数量仅余大概 2 000 只。跳羚还剩下一些分散的极小种群。山斑马只剩不到100 只。白尾角马已经在野外消失，被圈养在农场里幸存下来的只有大约 500 只。斑驴已经灭绝，人并不觉得它好吃，它的皮比肉值钱，因为可以用来制成鞋子和轻便的袋子。斑驴很容易被发现，也很容易被射中。最后一只野生斑驴于 1878 年被射杀；5 年后，最后一只圈养斑驴孤独地在动物园去世。

世界上唯一一个仍然保留着大型食草动物完整种群的草原是东非的大草原。这些群体能够生存下来，很大程度上是由于这里不像北美大草原、南部非洲大草原和潘帕斯草原那样湿润，所以既不适合人类养殖从温带物种驯化而来的牲畜，也不适合种植经过人类驯化的草本植物。现在，这些土地上生活着世界上现存最大规模的大型野生哺乳动物群。

热带稀树草原围着西非丛林形成了一个大约 100 万平方千米的巨大马蹄形。它的景观特征比其他大草原要丰富得多。低矮的荆棘灌木丛分布在草原各处。有一些地方矗立着巨大的猴面包树，鼓胀的树干里储存了在为数不多的雨天吸收的水分。有一些地方还有低矮的石山点缀着风景。许多河流的两侧都是绵延的森林廊道，因为水会渗入河床两侧的土壤，支撑树木的生长。几乎到处都覆盖着草地。有的地方草长得比人还高，有些地方又比较低矮稀疏，草丛之间裸露着大片大片沙质的红土。

这种多样的景观里，生活着不同的动物种群。掠食动物和猎物的食物链条在这里也存在，就像在其他草原一样，但这里的物种大多数是非洲独有的。白蚁和蚂蚁吃草，而它们则被专门的食蚁动物，如穿山甲和土豚，以及昆虫食谱更广泛的猫鼬和多种鸟类所食用。有小型掠食动物，如鼬、麝猫和胡狼。有食草的啮齿动物，如巨鼠、跳兔和地松鼠。大型食肉动物，如狮子、猎狗、猎豹和鬣狗，则以大型食草动物为食。正是这些以反刍动物为主的大型食草动物主宰了非洲平原。

小型的羚羊，有汤姆森瞪羚和高角羚；大型的羚羊，有大角斑羚、马羚和转角牛羚。也有单独的属，比如长颈鹿，它可以啃食到其他觅食者都够不着的带刺树枝。还有林羚，生活在沼泽和芦苇丛中，只有在发生洪水时才会迁移到平原。也有不反刍的巨兽，如犀牛和大象。在这里，大群动物仍然聚集在草原上，让人想起几个世纪前从南部非洲大草原和北美大草原归来的旅行者发生的故事。在季节变化时，一些物种仍然会为了寻找更好的草场进行大规模迁徙，就像曾经的高鼻羚羊、跳羚和野牛那样。

这些旅行者中最著名的就是角马。塞伦盖蒂草原的降雨并不均匀，东南部比西北部干燥得更快。到了5月，草皮已经被啃得很薄，角马不得不搬家。100万只角马，随行的还有斑马和瞪羚，一起开始长途跋涉。队伍向着西北方缓缓移动，绵延数英里长。它们以极高的数量和密度踩踏着过河，许多角马会溺水身亡，被后来者按进水中的也不在少数。狮子伏击它们，轻而易举地围猎筋疲力尽的"旅行者"。就这样，它们日复一日地赶路，走完大约200千米的路程后到达肯尼亚南部的马拉，那里的草生长正旺。它们会在那里停留，进食，但到了11月，这边的草原也开始衰败，而塞伦盖蒂草原的雨也下起来了。角马必须再次踏上漫长的旅程。

另一种鲜为人知的迁徙动物是来自苏丹东部的白耳赤羚。它们不是因为干旱而迁徙，而是因为洪水。大约有100万只这种美丽的羚羊生活在大草原的南部，雄性有优雅的七弦琴形状的角。在这里，它们在雨季产崽。随着降雨结束，平原开始干涸，水退后长出新的绿草，它们则向北移动，逐草而居。它们的领地夹在两条河之间，河水都会因为降雨而泛滥，随后在距离埃塞俄比亚边境不远的地方交汇。白耳赤羚群落的地盘被河水挤得越来越小，最后只好尝试过河。摩尔人每年都会等在这里。短短几天内，他们可以杀掉 5 000 只白耳赤羚。对于猎人来说，这是一年一度的盛会，他们和家人一连几个月里都能吃得饱饱的。而对白耳赤羚来说，这是在旱季及时赶到北部沼泽草原和优质草场前的最后一道关卡。

反刍动物是迄今最成功的大型食草动物。虽然人类致使它们的数量锐减，但它们的种类和绝对数量仍然远远超过了它们唯一的重要竞争对手——马。它们的身体形态在很大程度上是拜草的特殊性所赐。有草生长的平原开阔无比，这就要求生活在那里的动物能够依靠迅速奔跑来躲避捕食者。经过一代一代的进化，反刍动物的先祖获得了这种能力。它们用脚趾站立，腿变得更加修长。外侧脚趾缩小，中央脚趾加强，尖端指甲增厚，成为耐用的减震蹄。由于不同的草原地域出现不规律的降雨，草的生发也是季节性的，食草动物为了找到草场，必须一年四季长途跋涉。动物如果想在这种迁徙中生存下来，就必须有足够高大的体格来支撑自身的重量。它们的胃变成了颇有容量的多个腔室，能够有效地消化草，牙齿也随之发生变化。因为草贴着地面生长，吃草的动物很难避免将小石头和沙子带入嘴里，再加上草叶本身的韧性，会导致牙齿严重磨损。反刍动物因此形成了发达的臼齿，牙根不封闭，可以在动物的一生中持续生长。

影响并非都是单向的。反刍动物也保障了草的扩散和生长。如果水源充足地带的林地被野火烧光，或者被人类砍伐，草就会占领那片位置。随后树木幼苗也会发芽，大约一年内就能生长到足以形成树荫，这是草无法忍受的。就这样，树林很快就取代了草，收复了失地。然而，在反刍动物的帮助下，草的入侵变得一劳永逸，因为没有树苗能够经受住动物的啃食和踩踏。只有草才能经受住这样的折磨。

但即使是草也需要一定的雨水。如果你继续向北穿过非洲大草原，降雨量会持续减少，土地更加干燥。多刺灌丛越来越少见，草也越来越稀疏。看到成群的羚羊是没什么希望了，在脚下干燥的沙地中，动物的足迹也愈加难以寻觅。你正在靠近另一个世界——沙漠。

第六章

炙热沙漠

THE BAKING DESERTS

撒哈拉沙漠是地球上最大的沙漠，从苏丹北部和马里的灌丛林地一直绵延到地中海沿岸，风扬起了沙子，把它们吹落在古罗马城市的废墟中间。沙漠越过尼罗河，东至红海，西与大西洋相遇，横跨 5 000 千米。其间一条河流也没有，某些区域可能一连多年没有一滴雨落下。这里刷新过地表温度的最高纪录：58℃。撒哈拉地区的一部分为黄沙所覆盖，但它最主要的地貌是干旱平原，地表散落着被风磨圆的沙砾和摇晃的巨石，在它的中心区域矗立的是一行行形状怪诞的砂岩山脉。

　　山脉从阿杰尔高原上拔地而起，形成了令人目眩的悬崖、摇摇欲坠的尖塔和弯弯曲曲的拱门。大多数更像是塔楼而不是山，其中有很多底部已经被侵蚀，形成了浅坑。较小的柱子被塑造成了倾斜的蘑菇形状。所有这些不寻常的形状都来自风的雕刻。风卷起沙砾拍击岩石表面，在悬崖上切割出水平的凹槽，砂岩层中间的脆弱带被侵蚀得更深。被阳光炙烤的裸露岩石没有植被或土壤保护，在你眼前崩塌，于是黄沙又深了一层。过不了多久，刮向悬崖的狂风会把沙子带走，堆积沙漠深处。

不过，这些山脉的形状不能全部归因于风。塔状山之间的山谷与其他地方的河谷一样，看似也有小的支流接连汇入，说明曾经可能有河流沿着这些沟壑流淌。这为这片土地曾经得到很好的灌溉提供了有力证明，岩石也提供了进一步的证据。在突出的悬崖下面，山洞的墙壁上，有用红色或黄色的明亮赭石绘就的动物图样，有瞪羚、犀牛、河马、貂羚，还有长颈鹿。家畜也有所体现，如成群的花斑牛，它们有优雅的弯角，脖子上戴着项圈。艺术家们也描绘了自己，或站在牛群中间，或坐在小棚屋旁边，或手持弓箭狩猎，或头戴面具舞蹈。

我们不知道这些人到底是谁。他们可能是本地游牧民族的祖先，如今他们的后代仍然追随着在沙漠南缘的荆棘灌木丛中游荡的半野生长角花斑牛生活。岩画的准确绘制时间也无法确定。可以确定的是其中有好几种不同的风格，因此可能经历了相当长的时间跨度。其中最早的画可能是在大约 10 000 年前绘制的。但是，显然画中表现的场景在周围的沙漠中已经找不到了。那些画中栩栩如生的动物是不可能在如今撒哈拉沙漠炎热裸露的沙子和砾石中生存下来的。

令人惊讶的是，其中有一种生物存活到了今天。在一个狭窄的峡谷中，两侧岩壁之间生长着一片古老的柏木。从树干年轮来看，它们存活的时间在 2 000 年至 3 000 年之间。当最后的岩画被涂抹到附近的岩石上时，它们还是树苗。密集扭曲的根穿过被阳光晒裂的岩石，向下搜寻地底的水分，力气大到撑开了裂缝，使岩石也有所倾斜。沙尘覆盖的针叶奇迹般地保持着绿色，是周围的岩棕和锈黄中唯一一抹亮色。枝条仍然能产生球果，里面装着有活性的种子。但没有种子能够发芽，周围的土地实在太干燥了。

缓慢发生的气候变化把阿杰尔高原和整个撒哈拉地区变成了沙漠。这一过程开始于大约 100 万年前，当时席卷世界的大冰期开始式微，北极以南分布的冰川开始退缩，浮冰覆盖了北海，延伸到英格兰南部和德国的冰川也四分五裂。一开始，这给非洲这一地区带来了更湿润的气候，阿杰尔高原变得比之前更青翠。但大约 5 000 年前，降雨开始南移，撒哈拉地区变得越来越干燥。草和灌木都枯萎了。浅水湖泊蒸发了。彼时生活在那里的动物和人类向南迁徙，追逐水源和草场。土壤被吹散了。最终，曾经有大湖星罗棋布、广袤而肥沃的平原，只留下一片裸露的岩石和流沙构成的废墟。

这种情况不是第一次发生。正如北欧的冰盖有过几次扩张和退缩一样，撒哈拉平原也曾在肥沃和干旱之间反复摇摆。尽管有过这样的时期，非洲的这一大片区域还是陷入干旱的时间居多。无论地处赤道以南还是以北，全世界这个纬度的区域都是如此。

地球表面接收的降雨并不均匀，归根结底，是因为太阳对地球

的加热不均匀,两极较弱,赤道地区则较为强烈。气流在赤道受热上升,然后向南和向北流入较寒冷的纬度后下降。暖空气会比冷空气携带更多的水分,因此赤道的上升气流一开始非常潮湿。越升越高的气流逐渐冷却,携带的水分凝结成云,最后变成降雨。高空的气流散尽水分后,流向赤道南北方向 1 500 千米处的热带地区,开始下降。现在它已经失去了曾经携带的所有水分,因此不会给下面的土地带来雨水。不仅如此,气流接近地球表面时会被重新加热,此时它会吸收陆地上的所有能吸收的水分,再流回赤道。因此,这种大气环流在南北回归线附近形成了一条环绕地球的干燥带。这些地带在几何上并不规则,因为地球在大气层的包裹中旋转,会在空中产生巨大的涡流,地球表面的陆地和海洋、山脉和平原的不规则分布进一步扭曲和复杂化了这种大气运动。即便如此,总体格局仍然存在。只要陆地跨越赤道,就会有南北成对分布的沙漠。撒哈拉沙漠位于非洲中部的热带雨林以南,与卡拉哈迪沙漠和纳米布沙漠是对称的。与美国西南部的莫哈韦沙漠和索诺拉沙漠相对的是南美洲的阿塔卡马沙漠。在亚洲,中亚和印度中部的广袤沙漠与澳大利亚中部的大沙漠隔着东南亚丛林覆盖的陆地和岛屿相对平行。

沙漠上空没有云,这带来了两方面的后果。一方面意味着没有雨,另一方面意味着白天没有任何阴凉处,晚上没有任何保温层。虽然白天的沙漠会比地球上的任何地方都热,但到了晚上温度可能会降到冰点以下。24 小时内如此之大的气温变化,给那些在沙漠中安家的生物带来了很大的挑战。

　　大多数动物的应对都直截了当：尽可能避开极端的气温。小型哺乳动物整天躲在大石头下和洞穴的黑暗中。这种避难所内部的温度比阳光暴晒下的地面温度要低得多；动物在里面的呼吸还给洞穴提高了湿度，内部湿度能比地面上高出好几倍。因此，动物流失的水分要少得多，一天的大部分时间都躲在里面。太阳沉到地平线以下的时候，它们就开始活动了。

　　夜幕降临在撒哈拉沙漠。形似老鼠的沙鼠和弹跳着前进的跳鼠开始小心翼翼地冒险外出。它们都是食草动物。这里的草丛虽少，但仍然有一些。风也可能把种子和其他一些枯死的植被吹到它们的领地，提供一些微不足道的食物。壁虎一步一停地从冷却的岩石缝隙中穿过，寻找甲虫和其他昆虫。温血的掠食动物也出现了。耳廓狐竖着三角形的大耳朵，警觉地捕捉所有的声音，一边悄无声息地在岩石上跑动，一边用鼻子贴着地面寻找气味的踪迹——气味可以告诉它们谁曾经来过这里。也许会有蛛丝马迹将它引向一只小沙鼠。一个敏捷地突袭，耳廓狐吞进了晚上的第一顿饭，而沙鼠所吃的则是最后的晚餐。一种叫狞猫的猫科动物、条纹鬣狗也会冷不丁出现。在中东沙漠的许多地方也有狼出没，体形较小，皮毛和人们熟悉的北方狼种比起来要轻薄得多。在新大陆的沙漠中，类似的觅食和杀戮也在上演，不同的是在这里跳囊鼠蹦跳着采集种子，而猎杀它们的是敏狐和郊狼。

　　当第一阵由于饥饿产生的疼痛得到了缓解，动物的活跃程度也随之降低。气温继续下降。由于太凉，壁虎便退到石头间的缝隙里。

哺乳动物体内能产生热量，哪怕深夜已经寒意入骨，它们也会继续觅食和狩猎。但在黎明前，它们也会回到窝里或洞穴里。

当太阳再次出现在东方地平线上时，一组新的动物登场了。在美国西部的沙漠中，吉拉毒蜥到了开始狩猎的时候。除了生活在墨西哥的近亲珠蜥，吉拉毒蜥是世界上仅有的真正有毒的蜥蜴，身长大约有 1 英尺，尾巴粗短，背上是一层闪亮的珠状鳞片，鳞片的颜色有些是珊瑚粉，有些是黑色的。在黎明时分，它移动得非常缓慢。但随着太阳温暖了身体，它也会变得越来越活跃。现在是它捕捉昆虫、雏鸟和掏鸟蛋的好时机。它甚至会勇闯沙漠老鼠的地穴，将成年老鼠和幼鼠一窝端。在澳大利亚，只有几英寸长的小魔蜥会出来吃蚂蚁，静等着坐在蚂蚁经过的路线旁边。蚂蚁奋勇行进，它则慢条斯理地伸出舌头，把蚂蚁卷进嘴里。在沙漠里不少地方也有乌龟，会在壳的保护下从它们过夜的浅坑或洞穴里出来。

同样地，这一阵的活动不会持续很长时间。几个小时后，太阳会升得很高，沙漠再次开始了炙烤模式。爬行动物也会像哺乳动物一样有过热的危险，日出后四五个小时，气温也超出了它们的忍受限度。现在岩石上方的空气都在颤动，人如果碰一下石头，会被烫得生疼。空气极度干燥炎热，汗水在被注意到之前就蒸发殆尽。1 小时内人体就能流失 1 升液体。如果一整天都不喝水，人就会死亡。即使是最轻微的肌肉运动也会产生热量，所以除非是被迫，所有动物都选择一动不动。从始至终，天空毫无一丝怜悯，任由太阳的光鞭无情地拷打着大地。

高温对植物来说一样危险，不比对动物的威胁少。如果蒸发掉太多水分，植物也会渴死。沙漠冬青生长在美国沙漠的开阔地带，没有任何遮蔽。它的叶子和冬青相似，会垂直生长 70° 以减少接受光照的面积，在一天的大部分时间里，太阳只能照到叶子的边缘。只有在早晨——那时太阳低悬且光线柔和——光线才能直接照射到叶子的整个表面，为它们提供光合作用所需的能量。沙漠冬青的叶子也会分泌出盐，它从地下吸收盐分，通过树汁往上运输，在叶子表面形成一层细腻的白色粉末，如此反射一部分热能，道理和运动员穿白色衣服一样。

在正午的阳光下，仍然有一些动物留在地面上。卡拉哈迪沙漠的地松鼠会用它浓密的尾巴作阳伞，尾巴竖在头上，毛发散开，根据需要移动位置，始终让身体处于阴影里。其他动物用散热设备来冷却血液。美洲的棉尾兔、戈壁上的刺猬和澳大利亚的袋狸都是依靠大耳朵降温，这与撒哈拉地区耳廓狐的降温方式相同。固然大耳朵有助于捕捉沙漠中的各种声音，但这些生物的耳朵已经大得超出了声学的需要。耳朵内部运转着一个毛细血管网络，非常靠近皮肤表面，内外侧都有分布，任何拂过耳朵的气流都能帮忙冷却流经的血液。

其他动物用液体来加强风冷的能效，利用的是液体汽化时吸收热量的物理过程。水蒸发时会从周围环境中吸收热量，这就是为什么出汗能使哺乳动物降温。喘气也会产生类似的效果。空气在口腔潮湿的内部被来回吸入和呼出，蒸发的唾液能冷却皮下组织中的血液。乌龟在体温非常高的时候——比如达到了 40.5℃以上，会用大量的唾液润湿头部和颈部。有时它们还会更进一步，释放出膀胱中储存的大量液体，将后腿全部打湿。澳大利亚袋鼠的前臂内侧皮肤附近分布着一个特殊的毛细血管网络。一旦天气变得太热，它们就会起劲地舔那一片的毛皮，让毛里面满是唾沫泡泡，使唾沫蒸发时带走下面血液中的热量。

鸟类的隔热能力比大多数动物都强。虽然在世界大多数地方它们的羽毛都是用来给身体保温的，但是隔温层可以减少热量的传递，无论传递方向朝内还是朝外，因此羽毛可以像保持体温一样有效地隔绝外部热量。很多鸟都可以整天安然无恙地待在沙漠的阳光下。但即便是它们，有时也需要给自己降温。鸟采用的是一种比哺乳动物更有效的换气方式：喉部震颤。这种方式不需要使用肌肉力量让胸部隆起，也能产生一股气流穿过潮湿的口腔内部。

出汗、喘气、颤动喉咙和舔嘴，乃至一次性排出全部尿液，可能都是有效的降温方法，但这样做的沙漠动物也付出了高昂的代价。它们失去的是最有价值的东西——水。不论动植物，所有沙漠生物都会竭尽全力保存体内的液体。它们的粪便通常十分干燥。骆驼粪几乎一拉出来就可以用来生火，许多爬行动物的排泄物基本是一堆干粉。水是排出尿酸等可溶性废物的方式，但沙漠动物们用得极其节省。人类尿液中水的比重占 92%，袋鼠的尿液中只有 70% 的水。撒哈拉沙漠中的一种蜥蜴甚至通过鼻孔里面的腺体将多余的盐排出体外。

　　寻找水，主宰着许多沙漠生物的生活。有一些动物可以从食物中吸收足够的液体维持生命，几乎不用额外饮水。耳廓狐和胡狼从它们杀死的动物的体液中获得水分，鹿瞪羚靠的是叶子的汁液，跳囊鼠靠的是种子。有一两种动物在紧急情况下能够通过分解体内的脂肪储备来产生水分。但剑羚和袋鼠等许多大型哺乳动物只得每天在草场和为数不多的分散水源之间艰难往返。

　　居住在沙漠中的鸟类通常会采用相同的日常通勤方式。在繁殖季节，问题会变得更加严重，因为雏鸟和成鸟一样需要水。如果给它们的食物不是那么富含汁液，就必须用其他方式为雏鸟补充水。非洲的沙鸡通常在离水洼或湿地 40 千米远的地方筑巢。雄鸟会用一种独特的方式为它的雏鸟运送饮用水。到了水边，雄鸟先自己喝水，然后划到岸边的浅水区，笔直地站着，让腹部的羽毛浸湿。沙鸡雄鸟羽毛的构造是其他鸟类所没有的，能像海绵一样吸水。一旦羽毛吸饱了水，它就会返回巢穴。雄鸟一降落，雏鸟们就会马上簇拥到周围，伸长脖子吮吸着它的羽毛，就像小狗衔着狗妈妈的乳头一样。

　　走鹃是一种活泼的猎蛇鸟，人们常常能看见它们在亚利桑那州和墨西哥的沙漠中迈开长腿奔跑。它们用一种不同的方式为小鸟们送水。走鹃夫妇会在仙人掌或荆棘丛中筑巢，哺育 2~3 只雏鸟。这些小鸟在极幼小的时候就能消化蜥蜴和昆虫。亲鸟嘴里叼着一只死蜥蜴回到巢穴后，并不会立即交出猎获。雏鸟会乞食，张开它的喙，亲鸟这时会把蜥蜴塞进雏鸟嘴里，但不撒嘴。亲鸟和雏鸟锁在一起，就像一座抢食状态的鸟类雕塑。这时，液体从成鸟的喉咙后部分泌出来，沿着它的喙滴到雏鸟嘴里。这不是几分钟前亲鸟捕猎时吞进去的液体，这种鸟的生活半径内可能根本没有水源。这是一种在亲鸟胃里通过消化的生理过程产生的液体。不管雏鸟愿不愿意，只有吞下一定量的液体后它才能吃肉。

从近乎无水的环境中收集水，也是沙漠植物必须解决的问题。美国西南部沙漠中三齿拉雷亚灌木在这方面的处理效率很少有植物能匹敌。它不依赖于深层地下水，许多沙漠中的深层地下水是植物无法触及的。它利用的是一层薄薄的水分膜，一般来自露水，或者偶尔出现的意外降雨。这种水分膜存在于土壤表面以下几英寸深的岩石上。三齿拉雷亚灌木通过一个毛细根网络来吸收水分子，毛细根深深地扎入地底，密布于砾质土壤中，没有一点水分能够逃脱。每棵灌木都需要大面积的土地来为它提供足够的水分，一旦一株灌木在干旱的地区扎根，它就会极其高效地收集水分，没有任何植物能在它周围几英尺内生长。不仅其他植物，就连它自己的幼苗也做不到这一点。因此，单株灌木在附近地面定植的方式不是通过就近播种，产生新的个体，而是利用缓慢扩张的根系网络在其基部周围发出新的根茎。在灌木向外扩张的过程中，中间的枝干一般会枯死，植株则会慢慢地形成一个圆环。如果没有其他竞争对手，灌木丛会继续向外生长，圆环越来越大，有些现在已经长到 25 米宽。这些环中的单个枝条并不是很古老，但整株植物被认为是一个单一生命体，可能已经在这一地点生长和扩张了 10 000 年至 12 000 年。这样说来，三齿拉雷亚灌木是世界上活得最久的生物之一。

一些沙漠植物采用了不同的集水策略。它们不像三齿拉雷亚灌木那样持续地吸收小颗的水分，而是依赖大约一年才会下一次的暴雨，一次能吸收多少就吸收多少，能多快就多快，然后储存起来。仙人掌是这方面的技术专家。大约有 2 000 种不同的仙人掌，所有贴着地面生长的物种几乎都在美洲，很少被人类打扰。其中最大的是被称为"萨瓜罗"的巨人柱，可以长到近 15 米高，形成一根巨柱，或者分出几个分支，好似指向天空的手指。长长的凹槽就像褶皱一样在整个植株上纵向分布。只要发生暴雨，它就会从淋湿的地里吸收雨水，边吸边撑起褶皱部分，大大地增加周长。一天之内，一棵大型植株就能吸入一吨水。然后就是保存的问题了。

现在面临的威胁是蒸发。水蒸气不可避免地会从叶子的气孔流失，因此在干热炙人的沙漠中，多数植物叶子很小，气孔相对较少，就像那些能够承受北方极端低温引起的干旱的植物一样。仙人掌没有止步于此。它们把叶子缩成了刺。气孔反过来在膨大的茎上发育，茎由此变绿，接管了光合作用这项工作。仙人掌的刺不仅仅是为了保护植物免受食草哺乳动物的伤害，这里的哺乳动物总归是很少的。刺会截住围绕着植物的气流，因此仙人掌实际上一直被一层看不见的静止空气包围着。为了进一步防止变干，气孔分布在凹槽的底部，就像在松针上一样。此外，仙人掌还开发了一道特殊的化学程序，能够使气孔在夜间凉爽时打开，释放二氧化碳置换出的氧气，而在一天里的其他大部分时间都保持关闭。有了所有这些措施，仙人掌能够将蒸发造成的水分损失降至最低，并将大部分的水年复一年地保存下来，用于缓慢生发出新的组织，一直坚持到大雨再次降临，巨大的水箱重新装满。

　　萨瓜罗地区的旅行者口渴难耐时，很可能会经不住诱惑，打劫这些随处耸立的巨大的水箱。这样做是极不明智的。巨人柱的汁液中含有一种强大的毒素，可以置人于死地[1]。但并非所有的蓄水植物都是如此。澳大利亚中部的原住民和卡拉哈迪地区的布须曼人在干旱时期都依赖这类植物来获取水分。这些生活在沙漠中的人都是植物学专家，可以让许多受过学术训练的生物学家自愧不如。我曾经跟随一位澳大利亚原住民伙伴在澳大利亚中部的红色沙漠中寻找水源。他脚下生风，信心十足，甚至连眺望的动作都没有，完全不像我那样伸长脖子左顾右盼。仿佛他只要用敏锐的目光一扫，就能把周围的一切摄入眼底：沙子里模糊不清的细微痕迹、岩石的形状、植物茎叶的细节。然后，他笃定地在一根短而扭曲、挂着几片小叶子的枝干旁边跪了下来。在我看来，它和我们路过的许多枝干几乎一模一样，但对他来说，它显然是截然不同的。他用一根棍子迅速有力

1　现在一般认为巨人柱的汁液没有致命毒性，但可能导致过敏。——译者注

地戳下去，把周围的土挖出来，然后顺着植物的茎往下挖了大约 1 英尺深。铅笔细的茎突然变成了足球大小的球根。他把球根掰碎，挤压，一小股液体流入我们的手心，足以缓解干渴，甚至救我们的命。

非洲西南部卡拉哈迪沙漠的布须曼人也有类似的专长。好几种不同的植物都有蓄水根，但并不是都能提供同样好的饮料。有些植物的汁液非常苦，连布须曼人都吞不下去。但这些汁液并不会被浪费掉，布须曼人会用它擦脸和身体，既能滋润皮肤，也能给体表降温。

布须曼人是唯一一个似乎对沙漠生活产生了特殊生理适应的种族。人体会将食物储备为脂肪。大多数人的腹部和四肢周围会有一层脂肪，这在沙漠中是一个很大的缺点。这层脂肪会使身体很难通过皮肤散热，沙漠中的旅行者只要在活动，肌肉就会产生热量，人就很难保持凉爽。布须曼人——通常是女性，通过将脂肪储备集中在臀部来防止这种影响。臀部形态巨大，与身体其他部分的瘦削和纤细形成了鲜明对比。在外人看来，这种外表可能很奇怪。但对于任何冒险进入布须曼人的沙漠，浑身是脂肪且汗流浃背的异族旅行者来说，这着实是一个令人羡慕的体形。

无论是在哪一片沙漠，或身处沙漠何处，防止过热和脱水这对相互关联的问题是生活其中的动植物都要面对的。但沙漠并不都是一样的，有些地区存在着特殊的挑战或特殊的资源，必须以专门的方式加以解决或利用。

　　卡拉哈迪北部的纳米布沙漠有一个其他沙漠地区所没有的专供水分来源。纳米布沙漠是沿海沙漠。一年中，有许多个夜晚，雾气会从海上涌来，经过沙漠，凝成水滴。生活在纳米布沙漠的好几种生物都靠海雾过活。在这样的夜晚，全身黑色、长着长腿的拟步甲会爬到沙丘的顶部，站成一排，面朝海岸倒立，腹部高高地举向空中，用足支撑着自己，数着钟点。海雾从它们身边飘过，水滴逐渐在身上凝结。由于它们抬着腿，水会顺着腿往下流，经过腹部后进入嘴里，任其啜饮。

　　海雾还为纳米布沙漠的一种独特植物提供了水分，那就是壮观的百岁兰。它有一个可观的膨大根，就像一个巨大的萝卜。有一棵很早的植株，顶部宽达 1 米，伸出地面几英尺。在膨大根坑坑洼洼且有时候有些变形的顶部，生长着两片巨大的带状叶子。根顶部的生长点呈绿色，叶片光滑而宽阔，从两侧延伸开来。叶片向上卷曲，就像巨大的、有凹槽的飞机叶片，然后扭曲分裂，一圈一圈地铺在地面上。风拉扯着叶片在沙石上来回摩擦，让叶片末端枯萎、磨损。如果不是这样的话，它的叶子就会长成世界上最长的叶子，因为尽管它们生长缓慢，但寿命可超过千年。理论上，这样一个高龄的植株长出来的未经磨损的叶子能有几百米长。这些叶子的巨大尺寸乍一看很异常，毕竟大多数沙漠植物的叶子都很小，以保证最大程度地减少水分流失。但是其实百岁兰的叶子并不会失去水分，而是能够吸收水分。叶片的蜡质表面下是一组顺着叶子延伸的细细的纤维，具备强大的吸水性。当露水落下来时，水分子首先被表皮吸收，然后被纤维进一步吸进叶片内部。其他水滴则从叶片和破损的叶尖上滴下来，被植物的根部吸收。

在一些沙漠中，每年会有一段时间规律性地降下暴雨，足够动物群落发展繁荣。这些动物生命中的活跃期几乎都被挤到了这个降水相对丰富的短暂时期。一年中的大部分时间，有时甚至连续几年，它们都按兵不动，难以被发现。沙漠中的旅行者没法在周围发现一丝一毫丰饶的生命存在的迹象。

最初的雨滴落下后，生命就被唤醒了。有些可能落在枯萎的植物丛中，这些植物的叶子呈棕色，风尘仆仆的样子，茎的顶端有籽实，看起来干燥而易碎。似乎就在忽然间，它们恢复了活力，籽实顶端的棕色外壳卷了起来，露出了内部的种子。有些植物则将种子射向空中，足有几英尺高。这些变化纯粹是机械的。雨水被死亡组织的特定部分不同程度地吸收，产生了牵拉力，其中一些部分就会卷曲起来。而另一些植物则是通过一系列微小的爆炸释放出种子。雨点落下后，躺在地上的种子也动了起来。一旦种子吸收到水分，表面覆盖的绒毛就开始膨胀和变硬，帮助种子立起来，把第一缕根须直直地扎进土里。

这里可能暗藏着危险。可能最初的雨滴只是一场误会，并不是连续降雨的开始，随之而来的只是一场短暂的阵雨，真正的暴雨可能还要一周左右才会到来……如果是这样的话，那么现在发芽的种子将在接下来干燥的日子里死去。然而，植物已经有一些能够防范这种危害的措施：种皮含有一种阻止发芽的化学抑制剂。只有雨继续下，下得足够大、时间足够长，使地面吸饱了水，抑制剂才能被冲走，种子才会发芽。

雨水渗入了亚利桑那州沙漠的土壤，种子发芽了，地面热闹了起来。地表裂开了，小蟾蜍挣扎着爬到阳光下。这是锄足蛙，在过去的 10 个月里，它们一直待在地下 1 英尺左右的地方。雨水冲刷着沙漠表面，积聚成浅浅的水洼。雄性锄足蛙迅速跳进水洼。一入水，蛙鸣声紧跟着就会响起。几小时内，受到急切的合唱的吸引，雌蛙加入进来。它们会一刻都不耽误地开始交配。

现在一切都以疯狂的速度向前推进。那些不能在期限前完成任务的蟾蜍将无法存活。除非它们在爬出来的第一个晚上就找到一个水池并完成交配，否则就再也没有机会了。几小时内，蟾蜍夫妇就会在温热的水洼里产下卵并使之受精，完成传宗接代的任务。现在它们会无视受精卵和对方，开始尽可能快地进食，为即将到来的长达数月的干旱和饥饿做准备。

与此同时，这些受精卵以惊人的速度发育。一天之后水洼里就满是蝌蚪了。它们并不是唯一在温暖浑浊的水中游弋的生物。丰年虫，一种不到 1 厘米长的甲壳类小动物，也在成群结队地游动。孵化出来的卵可能已经在沙漠里和沙尘一起被吹拂了 50 年，离它们死去已久的父母埋下它们的地方已有几百英里。灰尘里也有微小的孢子，如今已经在水中长成了丝状的藻类。

蝌蚪们狂热地进食。光是藻类就能维持它们的生命，但如果水洼里也有丰年虫，部分蝌蚪的生长方式就会与它们的兄弟姐妹们有所区别。它们会长出巨大的脑袋，嘴巴比吃藻类的蝌蚪大得多，主要以丰年虫为食。不仅如此，它们还会捕食它们以藻类为食的兄弟姐妹。水洼正在持续蒸发和缩小，蛙群游泳的空间越来越小，能获取氧气的水也越来越少。随着池水变浅，温度变高，生存条件越发匮乏，因为温暖的水携带的氧气更少。

两种蝌蚪一起在水洼中游动，锄足蛙为不同的可能性做好了准备。如果再来一场阵雨，水洼里的水就会再次上涨，以最快的速度发育的需求就不再迫切。然而，新落下的雨水会搅动水洼，让它变得浑浊。在这样的条件下，肉食性蝌蚪的生存状况并不好。它们很难看到猎物。而草食性蝌蚪却没有这样的问题。它们继续吃着藻类，稳定地生长。最终它们变成了小蟾蜍，幸运的话，一部分蟾蜍能够活着离开水洼。

但如果不再下雨，那么一些蝌蚪就必须以最快的速度完成发育。在不断缩小的水洼里，这些同类相食的蝌蚪吃掉它们的兄弟姐妹，并互相竞争，看谁能在水最深的部分停留最长的时间。很快，那些位处边缘的蝌蚪失去了覆盖身体的水，被太阳烤死。水洼中心还剩下一些湿湿的泥浆。那里面，留下的是最大、最具攻击性的肉食性蝌蚪，如果足够幸运，它们会长出腿，跳到沙漠里去。其中许多很快会被蜥蜴或沙漠鸟类吃掉，但也有一些，在觅食几周后会找到一个裂缝，躲避即将到来的高温。新生蟾蜍的父母此时也会开始用它们宽大有力的后足为自己挖洞，这正是它们名字的由来。一旦到了地下，它们的外层皮肤会变硬，形成一层防水的包裹层，将它们完全密封起来，只在鼻孔上方留两个小孔用来呼吸。

水洼早已干涸了。没有一只成年的丰年虫存活下来，但它们的卵会跟随沙尘四处飘荡。许多小蝌蚪没能完成发育。最后，它们紧紧地贴在一起，不分彼此，在太阳的炙烤下干燥、萎缩，结成一团。但它们的尸体并没有被浪费，腐烂后的物质渗入了水洼底部的沙子。以后的雨水会再一次在这里形成水坑，而沙子里的有机肥能够加速下一代藻类的生长。

暴雨带来的好处还没完。随着第一滴雨点的落下，发芽的种子迅速长成植物，现在已经开了花。一片片沙地此刻色彩夺人。蓝、黄、粉、白，各色花朵盛放在开阔的临时草原上。在这短短的几天里，澳大利亚西部的沙漠，纳米布沙漠和纳马夸兰沙漠，还有亚利桑那和新墨西哥的沙漠色彩不输世界上任何一片荒野。随后，随着水分的吸收，果实结出来了，植物枯萎死亡，沙子重新占领了它们的位置。

然而，人们对沙漠的传统印象既不是布满砾石的地面，也不是风蚀的群山，而是一望无际的沙丘。事实上，沙丘只占全世界沙漠中的一小部分，但它们确实是所有沙漠环境中最特殊的一种。形成沙丘的沙粒，是沙漠岩石经过数千年日晒和零摄氏度以下的夜晚的洗礼之后全部的遗存。在这样的条件下，即使是最坚固的花岗岩也会开裂和剥落，慢慢分解成此前构成岩石的矿物质。每一个小颗粒

图 1　印度犀，一雄一雌，在印度北部阿萨姆邦的热带草原上吃草

图 2　雪豹，在喜马拉雅高海拔地区狩猎野绵羊和山羊，活动范围可以达到海拔 6 000 米以上

图 3　一块菊石化石。在大约 1.5 亿年前，活着的菊石曾在古侏罗纪海洋中遨游，现在它们的化石静静地躺在尼泊尔海拔 3 000 米高处

图 4　干城章嘉峰，山顶海拔约 8 600 米，远远超出了动物可以长期生活的海拔高度

图 5　冰岛埃亚菲亚德拉火山上空的火山云放出闪电（左对页）

图 6　鸟瞰冰岛法格拉达尔火山流出的两条赤红色熔岩流

图 7　1984 年，圣海伦斯火山发生灾难性的喷发事件 4 年后，残破的火山锥体，柳兰（火草）已经在火山灰上驻扎

图 8　科隆群岛附近，海面下 3 000 米处的巨管蠕虫，以生活在海底火山口近旁富含化学物质的热水中的细菌为食

图 9　黑烟囱——携带硫化物的热水柱——从大西洋中脊 2 980 米深的海底喷出

图 10　仙人掌在科隆群岛新形成的熔岩地带定居

图 11　长满蓝藻的滚烫的火山池。美国黄石国家公园

图 12　南极半岛上的冰原。红藻在这里繁殖，它们用自己的色素抵御阳光中有害的紫外线，相当于人类使用深色太阳镜

图 13　地衣，一种藻类和真菌亲密合作形成的植物，生长在珠穆朗玛峰附近的高海拔地区

图 14　前为巨型千里光，后为巨型半边莲，生长在肯尼亚山高高的山坡上。这里可能是世界上唯一生长这些植物的地方（右对页）

图 15　一对骆马，南美野生骆驼的近亲，它们用格外细软的毛皮保护自己，对抗高海拔地区的寒冷气候

图 16　紫花虎耳草，在冰天雪地里开花。加拿大北极圈内的扬马延岛

图 17　帝企鹅挤在一起抵御寒风，南极洲（右对页）

图 18　一只阿德利企鹅在浮冰旁游泳。南极洲

图 19　豹海豹，雄性体长超过 3 米，不仅捕食鱼类和磷虾，还吃其他种类的海豹和企鹅

图 20　一只雌北极熊和它的幼崽。冬天，在雪中的洞穴里，雌北极熊在半睡半醒间分娩。幼崽会和母亲一起度过它们的第一个夏天，学习打猎

图 21　海鸠和其他在海上捕鱼的海鸟，春天成群结队地来到悬崖上筑巢，比如斯瓦尔巴群岛的悬崖。在那里，它们基本上可以避开来自陆地捕食者的威胁

图 22　阿拉斯加迪纳利国家公园的苔原，随着冬季的到来，地面植被逐渐枯黄

图 23　在俄罗斯东部的弗兰格尔岛，一只幼年北极狐为练习捕食正在摆弄一只旅鼠

图24 拉普兰的秋天。这里靠近北极圈和北方森林的边缘。树上挂着厚厚的积雪，这里的树为顺利过冬已经暂时停止生长

图25 欧洲的驯鹿，在北美被称为北美驯鹿。在南下到常绿针叶林中过冬之前，啃食苔原上尚存的叶片

图 26 西伯利亚西南部由落叶松和松树组成的常绿森林，冬季第一场雪后

图 27 一只雌性白翅交嘴雀正利用它特殊的喙从松果中采集种子

图 28　一只猞猁在深雪中行进。在这样的条件下捕猎十分费工夫，猎物也非常稀少

图 29　一只雄性雷鸟在春天展示自己。雷鸟体形相当于一只成年火鸡，是松鸡家族里最大的一种。它用响亮的叫声宣示主权，邀请雌鸟与它交配

图 30　狼獾体形小巧，可以在封冻的雪壳上前进，但同时又足够强壮，可以对付困在深雪里比自己更大的猎物

图 31　一只灰林鸮和它刚抓住的老鼠。芬兰（左对页）

图 32　一只橡树啄木鸟在橡树树皮中储存食物。美国西南部

图 33　在哥斯达黎加雨林树冠上的雌性双趾树懒，它的孩子用惯常的姿势趴在它的腹部（左对页）

图 34　一只年轻的角雕在锻炼翅膀，为飞行做准备。巴西

图 35　一只年轻的黑脸蜘蛛猴在抓紧时间进食，它利用两只脚、单臂和尾巴挂在树上。秘鲁

图 36　飞蜥借助前肢、延长的肋骨和腹股沟之间伸展的皮瓣滑行。印度尼西亚

图 37　一只网纹箭毒蛙。皮肤上的腺体能分泌一种强劲的毒药，而其身上绚丽的色彩用来警告潜在的捕食者。当地人会提取这种毒药，抹在他们的吹管飞镖尖上。这只雌蛙正背着蝌蚪在雨林中穿行。法属圭亚那

图 38　一只雨林蛙在杯子形状的菌伞中游泳，马达加斯加东北部

图 39　南美的小食蚁兽，一只中等大小的食蚁兽，在树上和地面上都行动自如。依靠它那又长又黏的舌头采集食物，每天可以吃掉多达 9 000 只蚂蚁和白蚁

图40　热带雨林中的树木，如生长在南美洲的这一棵，可以长到 100 米甚至更高。它们的根部相对较浅，最高的那些树木会长出很高的板状根来支撑自己，板状根拱卫在大树周围，高可达四五米

图41　一只雄性康氏极乐鸟正在充分展示自己。它的头低低地压在伸开的翅膀之间，羽翼从两侧高高扬起。巴布亚新几内亚（右对页）

图 42　野牛在美国蒙大拿州一望无际的草原上吃草

图 43　澳大利亚北部的磁性白蚁。每个蚁丘都是凿子形状，看阴影可以知道它有多宽。蚁丘两端朝向南北，因此清晨温暖的阳光会照射到蚁丘东侧，下午和傍晚的太阳则照着西侧

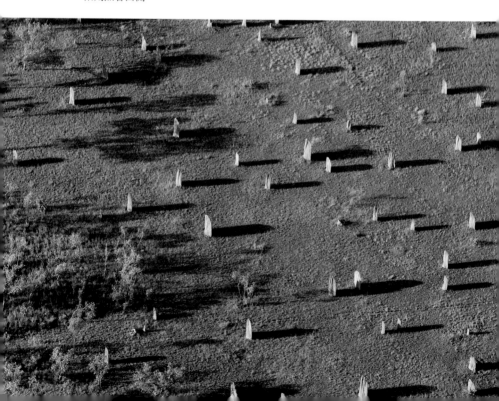

图 44　切叶蚁从香蕉叶上剪下圆盘状的小片，带入地下巢穴饲养它们培育的真菌，哥斯达黎加

图 45　大食蚁兽，长着拖着很长的脑袋和巨大的、毛发浓密的尾部，从头到尾可以长到近 4 米长。如果没有人类干扰，它可以日夜不停地活动，在一整天里能吃掉几千只蚂蚁和白蚁

图 46 美洲鸵，是非洲鸵鸟在南美洲的亲戚，但明显要小得多，而且通常鸵鸟只有两个脚趾，它却有三个脚趾

图 47 穴小鸮。尽管猫头鹰夫妇完全有能力自己挖洞，但它们通常会接管一个穴居哺乳动物的洞，比如草原犬鼠的洞穴

图 48 水豚，现存最大的啮齿动物。由于眼睛、耳朵和鼻孔都长在靠近头顶的位置，即使身体几乎都在水里，水豚仍然可以对陆地上的捕食动物保持警觉

图 49 叉角羚，北美跑得最快的四足动物，时速可达 80 千米左右。它们曾经云集在北美大草原上，堪比非洲大草原上的羚羊群。无限制的狩猎让它们的数量从大约 1 亿只减少到了 1.9 万只。今天，在严格的保护下，它们的数量已经恢复到了约 50 万只

图50　角马穿越肯尼亚马拉河，它们正跟随着雨水在塞伦盖蒂草原上进行一年一度的大迁徙

图51　鬃狼生活在巴西和巴拉圭的草原上，它们的食谱一半是水果，一半是犰狳和小型啮齿动物。它的长腿的用途何在，仍是一个谜

图 52 撒哈拉沙漠的沙丘。无论大小，没有动物能在不加保护的情况下在正午的炎炎烈日下幸存。少数在这里生存下来的动物白天躲在沙子下面的洞里，晚上才出来

图 53 撒哈拉地区中部塔西利岩石悬崖上的壁画证明，大约 1 万年前这个地区曾有充足的水源，不仅养活了羚羊、河马和鳄鱼，也足以养活人类和他们豢养的牛群

图 54　所有犬科动物中最小的一种——耳廓狐，在炙热的白天待在它凉爽的地下洞穴里。到了晚上，它就会出来寻找小型啮齿动物、蜥蜴和甲虫，靠它那双极其灵敏的大耳朵，能够探听到动物在凉爽的沙地上移动时发出的细微声响

图 55　一只地松鼠。大多数松鼠用尾巴交流。这只南非地松鼠也把尾巴当作遮阳伞

图 56　阿曼的雄性沙鸡，用它们独特的特化腹部羽毛吸水，然后带回给 40 千米外还不会飞的、口干舌燥的幼鸟（右对页上图）

图 57　在亚利桑那州，一只走鹃抓住了一只蜥蜴，准备带回去给雏鸟。雏鸟开饭的时候，亲鸟也会给它们水喝——水就藏在亲鸟的嗓子眼里面（右对页下图）

图 58　亚利桑那州的巨人柱。它能长到 10 米高，重达 7 吨。如此巨大的体形让它能够储存大量的水，即使在炎酷的干旱条件下也能活到 200 年（左对页）

图 59　非洲西南部纳米布沙漠沿海地区的拟步甲爬到沙丘的顶端，抬起腹部，从海上吹来的风中收集水分。水珠顺着它们的身体滴下，让它饱饮一顿

图 60　百岁兰把水储存在膨大、粗壮的地下根中，根宽可达 1 米。每棵植物只有两片带状叶子，但随着年龄的增长，叶子变得残损，看起来好像有很多片。它们生长在干涸的河床上，随时准备迎接洪水的降临。非洲西南部，纳米布沙漠

图61　一只锄足蛙，经过大约一周的狂欢后返回地下穴居。水落在沙漠里，在表层短暂地形成了水洼。该物种的整个生命周期就在此期间完成。美国亚利桑那州

图62　一只金毛鼹。它几乎所有的时间都在沙子下面度过。它的身体前后呈锥形，通过四条肌肉发达的腿做出划水动作在沙子里移动。它以蠕虫和昆虫为食，偶尔也吃穴居蜥蜴。非洲有超过 20 个种类的金毛鼹

图63　沙漠植被——一簇簇仙人掌花和一棵约书亚树（短叶丝兰）。美国加利福尼亚，莫哈韦沙漠（右对页上图）

图64　一只吃草的骆驼。一般认为阿拉伯半岛上所有的骆驼都是驯养骆驼的后代，生活在野外的那些也不例外（右对页下图）

图 65 一种常见的欧洲马勃菌在释放它的孢子。它们几乎不比一粒灰尘大，每一颗菌里可以释放出数百万个孢子

图 66 一只大黄蜂，携带着前一顿饭收集到的花粉落在一朵天竺葵上。英国

图 67　一只棕色长耳蝠正在睡莲池里喝水。英国

图 68　一对漂泊信天翁互相求爱。南乔治亚岛

图 69　油鸥，在洞穴里筑巢，能在黑暗中通过辨认发出咔嗒咔嗒的叫声传来的回声找到方向

图 70　君主斑蝶，在秋天从美国北方飞往南方。在墨西哥它们过冬的山谷里，围着树木舞动翅膀，形成了一朵朵浓云

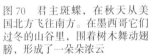

图 71 "帕特里夏"飓风，一个由风形成的 400 千米宽、风速高达每小时 300 千米的气旋，在 2015 年席卷了东太平洋

图 72 一群水下的黑蝇幼虫，依附在一块巨石上，等待着可食用的颗粒物被水流冲进它们张开的嘴巴里。瑞士弗里堡、阿格拉河

图 73　在厄瓜多尔湍急的溪流中，一只湍鸭在捕食昆虫幼虫，它用尾巴上长而坚硬的羽毛和翅膀上的角质距来对抗水流

图 74　一只欧洲河乌，在水下潜泳，寻找食物。巴伐利亚

图 75　天使瀑布，世界上最高的瀑布，从 1 000 米高的高原岩层上倾泻而下。它实在太高了，即使只有微风，瀑布大部分的水在到达地面之前就会被吹散（右对页）

图 76　马拉维的一条生活在湖中的雄性慈鲷。产卵后，父母中的一方会将受精卵藏到嘴里，保护它们免受捕食者的伤害。大约一个星期后，幼崽就可以从嘴里出来了，但在那之后的几天里，如果有危险，它们会随时冲回父母的嘴里

图 77　来自亚马孙河的盘丽鱼以一种独特的方式喂养它们的幼鱼，它们从身体两侧分泌出一种营养丰富的黏液，让幼鱼吮食

图 78　一只日本渔鸮，从小溪里抓了一条鱼，正飞回去带给它的伴侣

图 79　池塘水黾的体重很轻，可以用伸开的腿支撑自己而不破坏水面的张力。英国

图 80　一只幼年的黑凯门鳄趴在王莲巨大的莲叶上。圭亚那

图 81　一只植狡蛛正在吃它捕到的背棘鱼。英国

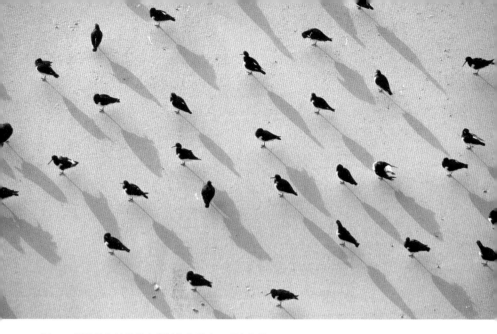

图 82　蛎鹬均匀地分散在康沃尔海滩上，啄食鸟蛤

图 83　海蓬子。它的叶子发育成了很小的、包裹在光滑茎干上的厚鳞片状。它从海边的空气中吸收水分，因此能够在对其他植物来说盐分过高的沿海湿地中生长。英国诺福克郡

图 84　要稳稳地生长在形态不停变化的滩涂上，红树林靠的是向上生长的根铺就而成的针毯

图 85　一只鬼蟹在潮间带觅食，一边捡拾微小的可食用颗粒物，一边用它那双可以360°旋转的眼睛放哨

图 86　退潮后，弹涂鱼留在自己的领地上，时不时就会翻滚一下，以保持身体两侧的湿润。它们还会通过有闪烁斑块的背鳍来亮明自己对一片滩涂的所有权。马来西亚

图 87　退潮后的岩石海滩是一片长满海洋藻类的池塘，有彩虹藻、鱼叉藻和珊瑚藻。英国康沃尔

图 88 在澳大利亚大堡礁北端雷恩岛的海滩上，一只雌绿海龟埋下大约 100 枚卵后返回大海。这里是重要的海龟繁殖地，每年会有多达 14 000 只海龟造访

图 89 阿尔达布拉群岛的鸟瞰图，它是一个位于印度洋的珊瑚环礁，是世界上最偏远的岛屿之一。这里没有人类定居点，但它是许多物种的家园，其中包括约15 万只巨龟

图 90 阿尔达布拉的白喉无翼秧鸡。秧鸡本就不太擅长飞行，在阿尔达布拉群岛上没有需要躲避的天敌，这里的秧鸡种群已彻底丧失飞行能力

图 91　鹭鹤，生活在太平洋新喀里多尼亚岛上的一种鹤。和许多在没有掠食者的岛屿上演化的鸟类一样，它已经失去了飞行能力

图 92　阿尔达布拉巨龟。巨大的体形可能是一个优势，因为便于进行食物储备，熬过食物短缺的时期

图 93　一只科莫多巨蜥，现存最大的蜥蜴，出没于印度尼西亚弗洛勒斯岛西端的几个小岛上。它的身长比起它的近亲——在东南亚很常见的水巨蜥——要长得多，体形也大得多

图 94　一只鸮鹦鹉，世界上唯一不会飞的鹦鹉。它生活的地方——新西兰——在爬行动物和哺乳动物进化出来之前就与世界其他地方相隔离了。鸟类虽然可以飞到那里，可一旦留下来，飞行的能力就退化了，这只鹦鹉的祖先就是如此

图 95 鳄蜥，一种像蜥蜴的爬行动物。只在新西兰有发现，其他地方都没有。它可能看起来很像鬣蜥，但在解剖学上与 2 亿年前和恐龙一起生活的巨型爬行动物更为相似

图 96 一种夏威夷旋蜜雀。太平洋上的夏威夷岛距离别的大陆都太遥远了，雀科小鸟是唯一在人类之前到达这里的陆生动物。这些外来者祖先演化出了 20 多种鸟类，每一种都有自己特有的食谱，其中只有大约一半目前尚存于世。这只镰嘴管舌雀正用它弯曲的喙采集花蜜

图97 姥鲨，身长可达8米。它漂浮在海面上，张开嘴巴过滤浮游生物。这些浮在水中的微小生物是它唯一的食物来源。苏格兰，内赫布里底群岛

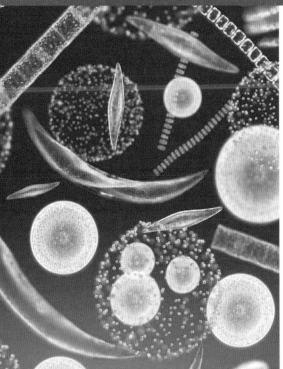

图98 浮游植物，这种显微镜下才能看见的漂浮植物几乎是整个海洋生命的基础

图 99　鲸鲨是所有现存鱼类中最大的一种，体长可达 18 米左右。这只幼年鲸鲨竖着悬停在墨西哥科尔特斯海（加利福尼亚湾）海面，采食它赖以为生的浮游生物（左对页）

图 100　白鲸，一种白色皮肤的鲸。身长可超过 4 米。幼年时呈蓝灰色，成年后才变成白色。白鲸的声音非常嘹亮，它们之间用一种高亢的歌声进行交流，这种生物因此获名"海中金丝雀"

图 101　远处的潜水员在 40 米深处的蝴蝶鱼、海鞭和海绵之间游泳。塔斯马尼亚岛

图 102　一只花园鳗正在滤食。它把尾部埋在海底的沙子里，通过分泌黏液将自己固定，然后直立起来，过滤食物。印度尼西亚（左图）

图 103　宝石海葵，它们用触须上细小的刺来收集漂浮在身边的可食用颗粒。英吉利海峡（拉芒什海峡）（右图）

图 104　在被皇后石首鱼和金枪鱼追捕时，银鱼为求安全抱团游动，形成一个密集的圆柱状鱼群。印度尼西亚

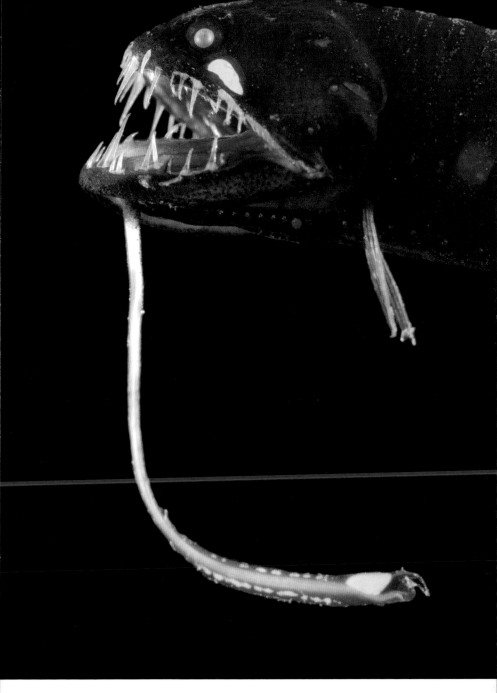

图 105　漆黑一片的海洋深处，一条深海龙鱼以光为诱饵，把猎物吸引到它能够一口吃掉对方的范围内。大西洋

图 106　游隼是所有飞禽中速度最快的，现在它们已经在城市中定居，在摩天大楼之间穿梭捕猎。上图是一只雌鸟，正在半空中把猎物递给比它体形略小一点的配偶

图 107　清晨，伦敦城市花园里喂鸟器上的环颈鹦鹉。这是英国数量最多的归化鹦鹉种类。自 20 世纪 70 年代开始，圈养的环颈鹦鹉在逃跑或被释放后逐渐在野外繁衍出种群

图 108　在城镇里栖息的鸽子是野生鸽的后代，确切地说是在岩石悬崖上筑巢的岩鸽的后代，少数岩鸽仍然生活在悬崖上，但数量已经远远少于它们住在城里的后代。纽约曼哈顿

图 109　欧洲狐狸现已进入城镇，从人类丢弃的垃圾中找到了充足的食物。据估计，仅在伦敦市中心就有大约 1 万只狐狸

图 110　灰头狐蝠等蝙蝠有时会栖息在城市里。这些澳大利亚的灰头狐蝠栖身于悉尼皇家植物园

图 111　本地植物和外来植物共同绿化了伦敦河边的建筑前和码头边的空间。以泰晤士河的德特福德溪畔为例，这里生长着本地毒芹、水芹（右）和逃逸的新西兰亚麻（中）

都曾被风无数次吹落悬崖，吹过平坦的岩石地面，与其他小颗粒摩擦，变圆，外层覆盖着红色的氧化铁。风呼啸着狂卷而过，沙粒凝聚成堆。这就是沙丘。有些沙丘高达 200 米，直径达 1 000 米。在那些风向十分多变的沙漠地区，沙丘可能会是星形，6 个沙脊通往中央的沙丘顶部，几个世纪里大致保持在同一个位置。它们会拥有自己的名字，并成为地标，帮助穿越沙漠的旅行者找到方向。在风总是从同一方向吹来的地区，沙丘从来都不是静止不动的。它们形成沙脊，就像海底涟漪状的海床，在沙漠里缓慢推进。风把沙子吹上沙丘的缓坡，吹到沙丘新月形的顶端。然后因为失去了支撑，沙子会在连续不断的微小"雪崩"中从陡峭的沙丘正面滑下，沙丘本身也就向前移动了几英寸。

沙丘对任何想要生活在其中或者其上的生物来说都是巨大的麻烦。在极烫且不断向下滑的表面上立足并不容易，有几种生物为此进化出了特殊的脚。纳米布沙漠有一种壁虎，脚趾间有蹼，像青蛙一样。另一种壁虎的脚周围有长长的流须，也是以类似的方式分散自身的体重，这样它就可以从沙子上掠过，把沙子的干扰降到最低，打滑的程度也降到最低。壁虎站立时，会进行一种类似健身的运动，有规律、有节奏地交替抬起后腿和前腿。它可以通过这种方式保持脚部凉爽，并制造出一丝丝微风吹过身体。

沙丘表面在日出后的几个小时内就会变得滚烫。然而，1 英寸之下的沙子内部依然保持着凉爽。把你的手伸到沙子下面，你就能感觉到它有多凉。大多数沙丘动物也很清楚这一事实，它们会躲到地表以下，以避开最酷烈的高温。

生活在沙子里头可能更凉快，但也存在其他问题。沙粒非常光滑、干燥，毫无凝聚力。所以像在土壤中那样挖隧道是不可能的。挖掘者一通过，沙子就会在身后崩塌。穿过沙子的方法之一是沙泳，一些经常潜入沙子的蜥蜴会用腿。但是在沙里潜泳最好的方法根本不用腿，靠扭动就可以。石龙子家族的几种蜥蜴就是这样做的。它们的腿虽然小了很多，但足以在沙子表面行走，如果要进入沙子里移动，它们的腿就会紧贴身体。有一两种几乎一直待在沙子内部的动物已经完全失去了它们的腿。纳米布沙漠的无腿石龙子，只有几英寸长，看起来像一条鳞片光滑的小鳗鱼。它的眼睛上长着鳞片状的透明覆盖物，能够保护眼睛不被沙粒磨伤，鼻子是尖的，可以帮助它穿过沙子。它靠吃甲虫幼虫和其他昆虫为生。沙子中移动的昆虫会引起震动，石龙子探测到之后，就会潜入沙子里游向移动的昆虫，然后突然跳出来，抓住毫无防备的猎物。

无腿石龙子本身是一种生活在沙丘上的哺乳动物金毛鼹的猎物。金毛鼹几乎是哺乳动物中最不为人知的，因为极少有目击者。一般知晓它存在的唯一迹象是沙丘上蜿蜒的一排脚印，这是它在夜间出现的地方；或者一个水坑状的下陷痕迹，那是它突然潜入沙子下面时留下的。它是技术娴熟、精力充沛的隧道工，除非你足够幸运，在金毛鼹离沙地表面不远的时候就开始追捕，否则你几乎不可能找到它。

它的大小和欧洲鼹鼠差不多，体形也大体相似，但实际上这两种动物并没有亲缘关系。表面上的相似缘于它们都善于挖掘，并且进化出了类似的对地下生活的适应性，生活在不同的两块大陆没有改变这一点。金毛鼹的皮毛颜色因种类而异。有些是灰色的，有些是美丽的泛着金属光泽的金色。它没有外耳，眼睛被皮毛覆盖，没有任何功能。它裸露的鼻子扩张成了一个宽而锋利的楔形物，用来在沙子中开道。此外，虽然它还没有完全失去双腿，但它的四肢骨骼都缩在身体两侧，只有脚露出来。有时它会到地面上捕食昆虫，但它最喜欢的猎物还是在沙子下面闭着眼睛飞速挖洞的小型无腿石龙子。

这种沙丘覆盖的沙漠荒无人烟。这里没有多少可为人所用的东西——没有猎物，无法种植任何植物。不过这里也并不是人迹罕至。来自撒哈拉沙漠北部的图阿雷格人经常带领骆驼商队穿越撒哈拉沙漠，带着一锭锭铜块、大块椰枣饼和一卷卷布匹，来到尼日尔河畔古老的贸易城市廷巴克图（通布图的旧称）和莫普提，贩回长方形的大块盐饼。他们用飘逸的披风裹住身体，用头巾覆盖头部和脸部，保护自己不被太阳的紫外线灼伤。

如果没有骆驼，图阿雷格人也无法穿越这些无垠的沙丘。骆驼的祖先起源于北美，约在 400 万年前迁徙到亚洲。大概 100 万年前，骆驼进化出了三个分支：一种经过驯化的双峰骆驼；一种是它的近亲——已经极度濒危的双峰野骆驼，分布在中国和外蒙古部分地区；还有一种是阿拉伯单峰骆驼，现在的骆驼绝大多数是这第三种。野生的单峰骆驼种群已经不存在了，它们被驯化的历史已经有 3 000 多年，但真正的野生种可能与图阿雷格人的骆驼没有多大不同。单峰骆驼已经高度适应在沙漠中旅行。它们的脚只有二趾，中间皮肤相连，走路的时候脚趾向外伸展，中间的皮肤就形成了一张网，不会陷进沙子里。鼻孔里武装了肌肉，能在沙尘暴出现时关闭。身体外侧覆盖着厚厚的粗毛，这是需要隔绝阳光的地方，其他地方几乎是裸露的，这样就可以很容易地把多余的热量散出去。它们有一种惊人的本领，能够吃掉长着锋利尖刺的沙漠植物。和大多数哺乳动物一样，骆驼会把食物以脂肪的形式储存起来。脂肪并不是分布在身体各处，因为这样会妨碍体温的下降，所有脂肪都集中在一个地方，即背部的驼峰。依靠脂肪供应，它们可以存活很多天。忍饥挨饿一段时间后，驼峰会变得像一只干瘪软塌的皮袋子。

　　毫无疑问，骆驼最著名的特点是连续好几天不喝水也能在沙漠中行走。它们之所以能够做到这一点，部分靠的是在口渴时一次性喝上大量的水，人们普遍认为骆驼能够储存水，实际上不是。骆驼既不能在胃里存水，也没法将水分以脂肪的形式保存下来。事实上，它们这种卓越的能力是建立在避免水分流失之上的——产生的尿液高度浓缩，粪便也极其干燥，鼻子的结构减少了呼吸时的水分流失，脂肪储备也可以作为隔温层，有助于保持较低的体温。通过这些方式，它们在不摄入任何水分的情况下能行走的路程是驴的4倍，人类的10倍。

　　然而，如果没有人类的帮助，骆驼自己也无法穿越撒哈拉沙漠的沙丘王国。如果没有图阿雷格人把桶浸入井里，打出水来倒进水槽给骆驼喝，骆驼自己是找不到水源的，穿越沙漠也会超出它们的承受能力。

　　绿洲是在穿越沙漠的漫长旅途中必不可少的中转站，它的水源来自埋藏在地下深处的含水岩层。村民们用这些水来浇灌花园，这惊人地证明，如果能浇水的话，沙漠将会变得多么繁荣：桃子和谷物生长在精心照料的土地上，蜻蜓盘绕在潺潺的灌溉渠上空，鸟儿在椰枣树中放歌。然而，沙丘就在树梢不远处赫然耸立，看起来分外有压迫感。只需一场巨大的沙尘暴，或者一个季节从同一个方向持续刮来的大风，绿洲就会被淹没，很快无迹可寻。这就是撒哈拉沙漠过去上百万年的历史缩影。

　　有塔西里岩画为证，世界性的气候变迁把沃土变成荒原，又创造出撒哈拉沙漠，并不是多么久远的故事。有充分的证据表明，现在世界上其他地方的沙漠大多也形成于同一个时期。许多动物和植物在这一新近出现的干旱气候下灭绝了，也有些动物仅仅通过改变习惯就保住了祖先的领地。曾经快乐地生活在大草原和稀树草原上的狼、鬣狗、沙鼠和老鼠仍然存活了下来，它们采用的方法是严格的昼伏夜出，只有当沙漠变得相当凉爽时才开始活动。其他生物则不得不改变自己的生理结构来抵御暴烈的高温和干旱气候，调整体内的化学过程，抑或改变身体比例。有的没有了四肢，有的则发育出了形状特异的肢体。

　　进化的时间尺度通常非常长，一般以百万年为单位。从这个角度看，如今世界上这些在沙漠里生活的动植物的适应能力可以算得上一骑绝尘。

第七章

飞上天空

THE SKY ABOVE

一旦在沙漠中形成一条固定的河流，哪怕是涓涓细流，生物就会像凭空变出来一样，出现在河水中和河流周围。藻类给河床上的沙砾覆盖了一层绿色的皮肤，小虾和其他甲壳纲动物从水中游过，苔藓和开花植物在水边冒出来。蚊子轻巧地飞过水面，而追逐着它们的蜻蜓在河面上以"之"字形飞行。所有这些植物和动物的到来都没有受到人类任何的帮助，其实它们自己也没有付出任何的努力。它们依靠的只有无限小的重量，虽然有时旅程可能长达数百英里，或者有好几年那么漫长。它们是乘风而来的。

　　陆地生物使用这种全球运输系统至少已有 4 亿年的历史。早在第一个动物爬出水面之前，苔藓就已经开始在陆地上生长了。它们出现后不久就开始利用风把它们传播到新的地点，和它们的直系后代今天所做的一样。

活着的苔藓会在茎顶部小小的孢子囊中产生孢子。一旦孢子成熟，天气干燥，孢子囊顶部便会弹出来一个盖子，露出一圈紧密的小齿，覆盖着下面的口。如果天气一直很温暖，这些小齿也会变干，然后卷曲起来，如此小囊就敞开了，任凭孢子被风吹散。如果天气变得潮湿，孢子很快就会被打湿，无法传播得很远。在这种情况下孢子囊就不会释放孢子。在变得潮湿的空气里，小齿会重新吸收水分，伸出去关上孢子囊。

苔藓产生的孢子数量很大，但与真菌释放的堪称天文数量的孢子相比，这个数量就显得很少了。一种普通的田野蘑菇成熟后可以在 1 个小时内从它的一片片菌褶中释放出 1 亿个孢子，在腐烂之前，也许能制造 160 亿个孢子。一株巨大的马勃菌能释放的孢子甚至比这更多。一位植物学家估计一个中等大小、约 30 厘米宽的马勃菌能产生 70 000 亿个孢子。每当它被风吹到，哪怕只是轻抚，马勃菌就会把数以亿计的孢子喷射到空中，看上去就像一股棕色的烟雾。

简单植物并不是唯一假借风力的植物。那些高度复杂、精妙的生命也会采用这种方式，比如兰花。一次花开就可能产生多达 300 万粒种子。这种灰尘大小的颗粒没法像胚胎植物那样随时携带食物储备，因此兰花种子如果要成功发育，必须落在与树木根部周围生长的真菌同一性质的真菌上，靠它们的营养度过生长的第一阶段。

然而，大多数高等植物都会为每一粒种子提供一定的营养。这样就增加了种子的重量，如果没有增加种子表面积的装置，风不太可能将它带到空中，种子哪里也去不了。蓟、芦苇和柳树为种子装配了一簇簇细小的羽绒。蒲公英给每一粒种子都带了一个纤维质地的降落伞，有了它，一粒种子可以轻松飘到距离亲本植物 10 千米之远，甚至好几十千米也不少见。

因此，整个地球上方的空气中都弥散着微小的有机颗粒，携带着生命的火种，许多小到看不见。其中大多数永远都不会发芽。有些被昆虫捉住吃掉，有些落在贫瘠的大地上腐烂，有些被风吹了太久太远，生命的火种也会熄灭、解体。但是，数百万个小颗粒中总会有一两个存活下来，只要有合适的地方——无论是一片枯叶还是一片未开垦的园地，抑或是岩石上的涓涓细流、沙漠中的水坑，绿色植物或真菌都能够生长。正是以这样的方式，撒哈拉沙漠的绿洲和南极海域的火山孤岛上长出了苔藓，南美丛林里的木棉幼苗四处发芽，圣海伦斯火山荒芜的火山灰中的柳兰开出了花。

也有一两种足够小的动物能用同样的方法进行扩张。沙漠水池里的小丰年虫就是从随风飘来的灰尘大小的卵中孵化的。蚊子、蚜虫和其他小飞虫可能会被风送出去好几英里，不管它们自己是否愿意。但有些小蜘蛛是有意御风，这是一种"乘气球"式的"飞行"方式。这种蜘蛛从卵中钻出来后，会爬上草茎或鹅卵石的顶端，迎着微风抬高腹部。它从身体末端的吐丝器吐出一根细丝。即便是最轻微的风也能把这根丝吹起来，然后越拉越长。随着丝变长，风对它的拉力也越来越大。幼蛛会和拉力对抗一小会儿，腿上小步挪着较着劲，然后忽然泄力，升空。挂在丝上的蜘蛛可能会落到距离陆地数百千米、已经航行到远洋的船只上，或者数千米高的雪山上面。

终于着陆后，它们会松开自己的丝，开始在新的领地安营扎寨。在一年中的某些时候，如果天气合适，一大批小蜘蛛可能会被一缕风吹到同一处地方，互相都离得不远。被它们丢弃的蛛丝随后会缠在一起形成一种曾经神秘的织物，叫作"新娘的面纱"。

还有一种小生物也会乘风旅行，不比这种蜘蛛大多少，但靠的是自己的力量。它就是蓟马，一种微型的、靠吮吸汁液为生的昆虫，你可以在花、叶子和芽上找到它。为了从一株植物转移到另一株植物，蓟马会飞，但它那么小、那么轻，肌肉也非常细弱，很难扇动翅膀。对它来说，周围的空气就像糖浆一样黏稠。因此，从它的胸部伸出的翅膀不是宽宽的片状，而是带有毛发的细杆。向下的动作会增加翅膀下方空气中的压力，略微降低上方空气中的压力，这样蓟马会被吸上去，它就能像一小片装了发动机的蓟花冠毛一样升空了。

机翼下方的高压和机翼上方的低压可以产生升力。这是动力飞行的基本作用力之一。大黄蜂比蓟马重很多倍，也比蓟马强壮很多倍，需要宽大的翅膀才能产生足够的升力。拍击这么大的身体结构需要相当大的力量，因此蜜蜂的胸部肌肉非常发达。和引擎一样，如果要全速工作并提供将身体举到空中所需的能量，大黄蜂就必须保持身体的温度。但蜜蜂和其他昆虫一样，都不能像哺乳动物和鸟类那样在体内保持稳定的温度，它需要倚仗太阳的热量。虽然如此，

在温度不过零上几摄氏度的清晨，大黄蜂也能飞行。它会在起飞前迅速地左右抖动翅膀，在肌肉内产生热量。它甚至可以让翅膀停止转动，运行体内引擎，把肌肉温度升高到人类血液的温度。温暖对它来说分外宝贵，因此大黄蜂的身体和许多其他大型昆虫一样覆盖着一层毛发，可以减少热量的流失。蜻蜓出于同样的原因将自己包裹了起来，但用的是胸腔壁内的一系列气囊。有了这些强大的发动机，昆虫成了技术高超的飞行员。蜜蜂每分钟能拍打翅膀 15 000 次，而蜻蜓的飞行速度可以超过每小时 30 千米。

还有两大类动物像昆虫一样进入了空中。大约 1.4 亿年前，恐龙王朝的一个分支长出了羽毛，最终进化成了鸟类，其后大约在 6 000 万年前，食虫哺乳动物中出现了蝙蝠。鸟类和蝙蝠都是通过改变前肢发育出翅膀的。蝙蝠 4 个细长的手指之间有一层弹性皮肤，拇指则自由地发挥梳齿和钩子的作用，让它可以在栖身之处攀爬。这种生物只保留了一个趾，又长又壮，还长满了羽毛。它也保留了祖先拇指的痕迹，翅膀前缘有一个小小的突起，自带一簇羽毛。

蝙蝠用脚倒挂着栖息，因此要腾空而起并不困难。一些体形较大、吃水果的蝙蝠只需要拍一两下翅膀就能将倒挂的身体调整成飞行姿势，不需要费多大劲。然而大多数鸟类既要走也要飞，要克服重力，把自己从站姿拉升到空中，这个问题要难得多。给它们提供力量的引擎是大块肌腱，从翅膀关节向下一直延伸到胸骨上的龙骨突。这个引擎使用的燃料是血液中携带的氧气，鸟长出了很大的心脏来供给其所需的大量氧气。麻雀的心脏是老鼠的 2 倍大小，这一事实足以说明鸟类心脏的比例之特殊。鸟的身体被最好的天然保温层——羽毛——包裹着，它的体温始终保持在比人类高几摄氏度的水平，飞行引擎可以在瞬间启动并产生强大的动能。有了翅膀的驱动，再加上腿部蹬地，大多数鸟类可以轻松地飞向空中。

鸟越重，在空中支撑自身所需的翅膀就越大，肌腱的任务就越重，它需要产生足够的力量和速度来打败重力。不过，还有另一种产生升力的方法可用。如果翅膀的上表面有合适的曲率，穿过气流时就能产生所需的上方低压和下方高压。风吹过翅膀可以产生这种气流，翅膀在空气中快速运动也可以实现这一点。同时采用两种方式是最好的，也就是迎着风助跑。

漂泊信天翁的翅膀是所有鸟类中最大的，翼展可以达到 3.45 米，几乎不可能快速地拍动。要想起飞，它必须将第二种产生升力的方式运用到极致。漂泊信天翁通常把巢筑在陡峭的悬崖上，因此它只要通过一个简单的下坠姿势就能升空。其他种类的信天翁在地势低矮的海岛上密集筑巢，但无论栖息地多么拥挤，对筑巢的空间需求有多么旺盛，它们一定会在栖息地旁边，甚至是中间留出一长条空地。这是它们的简易跑道，角度准确贴合盛行风的方向。这些鸟会在跑道一端排队，逆着风，就像繁忙机场里的飞机一样。轮到自己时，它们会用最快的速度跑起来，宽大的蹼足拍击地面，身体前倾，剧烈地扑扇着巨大的翅膀。最终，通过自身助跑加上吹过展开的翅膀的大风，它们获得了足够的升力，腾空而起，摇身一变为集所有优雅和风度于一身的生物，四海任其翱翔。不过如果风力降为零，它们离开地面都十分困难。

信天翁一旦飞上天空，就能利用风能实现能量消耗最小的旅行。靠近海面时，气流会因为与波浪的摩擦而减速。信天翁会留在比低速风层更高的地方，大约在海面 20 米以上，逐强风而行。当它慢慢失去高度时，它又会调整为顺风向，俯冲至较低的地方，让速度带来的推力把自己重新托举到强风风层，恢复飞行高度。在起飞过程中艰难扇动的极长、极窄的翅膀，现在证明了它们的价值：信天翁可以连续数小时持续滑翔，不需要拍一下翅膀。有几种信天翁生活在南极洲周围暴风肆虐的半封冻海面上，那里总是连续刮着西风。信天翁跟随着西风带，环球翱翔，只有在捉鱼的时候才会俯冲到水面。年复一年，它们一直在空中生活，7 岁时达到性成熟。然后它们会在飞行途中的一个小岛上着陆。在这几个星期里，它们的大部分时间会在地面上度过，张开翅膀共舞，拍打着喙发出声响，交配并养育它们的独生雏鸟。然后，它们将又一次毫不费力地重启环游地球的飞行。

其他一些滑翔本领一流的鸟类，如非洲秃鹫，并没有这样稳定可靠的风来帮助它们飞行。它们利用了另一种气流。地球表面吸收的太阳热量并不均匀。绵延的草地和大片的水域可以吸收热量，让它们上方的空气保持相对凉爽。裸露的岩石或土壤则反射热量，上空会产生一股上升的暖空气，称为热气流。每天早上，秃鹫栖息在它们过夜的低矮的荆棘树上，等待太阳升起给大地加热。热气流开始形成后，秃鹫会费力地飞向气流底部，拍一阵翅膀，滑翔一阵，没指望达到什么高度，只是为了到达上升的空气柱。一旦进入，热气流随即托住它们的翅膀，把它们举了起来。秃鹫的翅膀也很大，但不像信天翁的翅膀那样窄而长，而是短而宽。这种形状让它们能够实现急转弯和向上螺旋上升，一直待在上升的暖空气柱的狭窄的范围内。

当秃鹫到达稀树草原上方数百米处的热气流顶端时，它们就可以轻松地盘旋其上，搜寻下面的平原上已经被杀死的猎物或者生病动物的迹象。如果在一股热气流里待够了，秃鹫可能会离开，缓慢地向下滑翔10千米左右，进入另一股热气流。然后再次向上盘旋上升到新的观测点。用这种方式，秃鹫可以每天在草原上飞行百余千米寻找食物。一旦找到了，它们就会急速向下俯冲，然后收起翅膀、垂下尾巴着陆，尾巴发挥了空中制动器的作用。好几只秃鹫吵嚷着、打斗着，狼吞虎咽地吃着动物尸体，直到肚子里塞满了肉，几乎很难再飞起来。它们通常会拖着步子走向最近的荆棘树，在那里休息一段时间，消化食物，然后再次尝试顺着热气流飞升到空中。

很少有鸟类能像信天翁和秃鹫那样借助气流的升力把它们带到想去的地方。大多数鸟类用类似划船的动作扑扇翅膀外侧来实现空中飞行。鸟类的尾巴则是一个羽毛扇，可以变宽变窄、升起下降，能够在空中控制方向。得益于这种效率非常高的装置，鸟类成为当今世界所有飞行动物中体形最大的物种。安第斯秃鹫的体重可以达到11千克，与一只小狗的重量相当。

　　在空中快速移动需要极其敏感的导航设备，才能避开障碍物在半空中捕捉猎物。最重要的是，为了安全着陆，飞行动物需要以极高的精度判断距离。大部分鸟类都在白天飞行，几乎完全依靠自己的视力。它们拥有比其他动物更高效、更敏锐的眼睛。鹰尽管体形上比人小得多，眼睛其实比人的眼睛还要大。在辨别远处物体方面，鹰眼的视力比人类眼睛要好上 8 倍。因为在夜间捕猎，猫头鹰为了敏感度而牺牲了对细节的感知。它的眼睛巨大，甚至比外表看起来还要大，因为暴露出来的只有角膜中央的一部分，其余大部分都被皮肤覆盖。眼睛占据了猫头鹰头骨前部的大部分空间，几乎没有留下空间生长肌肉。因此，它们的眼睛实际上是固定在眼窝里的。如果猫头鹰想看向一侧，它必须转动脑袋，于是长出了无比灵活的颈部。超大的角膜和背后的巨大晶状体能采集尽可能多的光线，猫头鹰只需要人类所需光线的十分之一就能清晰地看见。

　　但即使是猫头鹰，也需要些许光线才能视物。在完全没有光的情况下，无论光学效率如何，任何眼睛都无法工作。然而即使在这种条件下，也有两种鸟具备找到方向的技术。这两种鸟都是穴居动物。其中一种是油鸱，西班牙语名叫作"guachero"，是夜鹰的亲戚。它最著名的栖息地是委内瑞拉的卡里佩大洞穴。在距离洞口几百米处，洞内通道开始转弯，所有来自外部的直射光都无法进入。再往前一点就是一片漆黑，所以必须用手电筒。沿着手电筒的光，你可以看到坐在岩壁上的油鸱，洞壁的各个岩层上、钟乳石帘和石柱之间也都有油鸱的踪影。它们像鸽子一样大，眼睛在你手电筒光束的照射下闪闪发光，因为它们都好奇地低头看着你，目光跟着你移动。它们栖息的巢穴不过就是一堆反刍的食物和粪便。在洞底的岩石上有粪便中没有消化的果实的种子在发芽，形成了一丛丛高高的、苍白的细枝。

你手里手电筒的光会惊吓到这些油鸱，很多油鸱会飞起来，在你周围俯冲、尖声嚎叫，整个洞穴里都回荡着它们的叫声。但只要关掉手电筒，在黑暗中静静地等待一会儿，鸟儿们就会安静下来，它们发出的警报声也戛然而止。其实仍然有鸟在飞，除了翅膀扇动发出的轻微的嗖嗖声，你还可以听到一连串咔嗒声。这些都是它们导航的信号。它们能从回声中推断出岩壁和悬挂的钟乳石的位置，甚至是周围空中飞翔的其他鸟类的位置。当接近障碍物时，它们发出这些咔嗒声的频率会增加，因为这时必须判断出障碍物的准确位置。通过这种技术，它们能够探测到和自己差不多大小的物体，但没法察觉出比自己小得多的物体。然而，这样已经足够了，因为一旦它们安全地出了洞穴，夜间森林里的光线足以让它们用灵敏的大眼睛找到赖以生存的水果。

另一种使用这种回声定位技术的鸟类是生活在东南亚洞穴里的金丝燕。它与油鸱完全没有亲缘关系，但它也会发出一连串咔嗒声，音调比油鸱的高得多，金丝燕因此能够探测到更小的物体。

尽管这两种鸟的技术看起来复杂而精细，但与那些习惯夜间飞行的蝙蝠进化出的高精尖技术相比，这完全算不上什么。蝙蝠发出的声音的音高远远超出了人耳所能听到的范围。尽管有些人，尤其是在年纪还小的时候，能在夏日的夜晚听到蝙蝠捕食时发出的微弱吱吱声，但蝙蝠用来导航的信号中大部分的音调都比这更高。信号发出的速度极快，一秒钟可达 200 次。这不仅能让蝙蝠找到路，还能使它精确地定位一只飞行的昆虫。

御风之术给掌握它的那些动物带来了巨大的收益。蝙蝠每天晚上都能毫无困难地飞行很远的距离，采集某一种特定的季节性食物。它们可以在半空中捕食昆虫，在花朵前悬停着啜饮花蜜，甚至从水面上捉鱼。即便如此，它们的技艺依然不如鸟类那么出众和多样。髭兀鹰，也叫胡秃鹫，在撕开猎物尸体后会捡起比较大块的骨头，带到相当高的地方，扔在岩石上摔碎，然后享用里面营养丰富的骨髓。红隼和雀鹰这样的小型猎禽能够展开微微抖动的翅膀在天空上盘旋，前进的速度基本等于风速，仿佛一动不动地挂在空中，同时目不转睛地监视着下方地面上任何一丝可能暴露老鼠或蜥蜴存在的动静。游隼是所有鸟类猎手中速度最快的，也在高空巡航。一旦瞄准下方某只小鸟作为猎物，它就会俯冲过去，翅膀向后收拢到空气阻力最小状态，时速高达 130 千米。它会在空中向猎物的脖子发出猛烈一击，致使猎物当即死亡，所用的速度和力量大到惊人。如果它以这样的方式攻击地面上的目标，不仅猎物会被杀死，猎手自己也是活不成的。

有些鸟沉迷于特技飞行，似乎只是纯粹地享受这样做的乐趣。

渡鸦会在风中翻滚，显然是在玩耍。一些其他鸟类在求偶时也会展示它们的空中技能。青脚鹬会升到600米高的半空，随即开始俯冲，一边扭动和旋转身体，一边大声歌唱。还有一些鸟类，如凤头麦鸡和鹬，长着一种能在它们俯冲时振动发声的特殊羽毛，这样的声音也是作为求爱仪式的一部分。白头海雕和黑鸢面向它们的伴侣求偶时，会在空中打转，其中一只翻过身来仰面朝天，这一对便像马戏团的杂技演员一样紧紧地抱着从半空翻滚下去。

无须赘言，飞行带来的最大好处自然是能够进行横跨陆地和大洋的长途旅行，阻碍地面动物行动的天堑都不再是问题。为了避开严冬或者采食应季水果或者捕食昆虫，鸟类会从一个大陆迁飞至另一个大陆。它们究竟是如何做到这一点的，我们仍然没有确切的答案。可能包括通过太阳和星星来认路，辨识脚下大地的形态，还有以某种方式感应地球的电磁场。关于蝙蝠的迁徙，人们所知道的就更少了。

许多蝙蝠在秋天就会开始寻找用来冬眠的洞穴，那时夏天成群的昆虫开始消失，变冷的天气对它们小小的身体构成了威胁。它们对冬季栖息地的要求非常苛刻，必须是干燥的，不能太冷，温度也要稳定。这样的地点数量不多，有许多种蝙蝠不管夏天觅食时活动区域多么广泛，秋天都会飞回数百英里外的某个固定的洞穴或悬崖。有些种类的蝙蝠则出于不同的原因大量聚集在一起。得克萨斯州的布拉肯洞穴每年夏天都会有 2 000 万只游离尾蝠聚集。全都是雌性。它们离开了远在 1 500 千米外墨西哥南部的配偶，来到这里生育后代。可能是因为小蝙蝠出生时都是全身无毛，这个庞大的群体在洞穴中产生的温度对它们来说是有用的。尽管如此，我们仍然没有完全理解这些雌性蝙蝠是受到了什么样的驱动才会集聚到这个巨大的产房里。

昆虫也会进行长途飞行，但由于它们的飞行看起来漫无目的，自然学家们对这种飞行性质的探究也不多。夏天，蝴蝶在草地和林地中围绕着它们的食用植物飞来飞去，看起来纤弱无比，很容易让研究者得出它们飞不远的结论。有些物种确实不会飞多远。觅食、交配、产卵和死亡，都发生在它们孵化的那一小片田野里。然而，也有很多其他蝴蝶的一生都在旅行中度过。例如春天在欧洲某地孵出来的菜粉蝶，多数时间都在飞行——大致朝着西北方向。它只在有太阳出来、天气暖和的时候才会出门，也不会飞得很快，而是飞飞停停，如果发现一片合适的植被就会驻足。它可能会在那里停留几个小时，觅食、求偶或产卵，但最后还是会继续向前。它的生命是短暂的——只有三四周，但即便如此，在这短暂的时期里，它可以从孵化的地方飞出 300 千米远。

夏末的时候，更多的菜粉蝶会孵化出来。这些菜粉蝶也是旅行者，但它们出行的方向正相反，是往东南边飞。那些在盛夏时节出生的菜粉蝶一开始会朝着西北方向飞行一周左右，然后几天后改变方向，余生都会往东南方向飞。掉头的确切日期会根据所在的地区和蝴蝶种类而不同，但对生活在同一个地方的同一种蝴蝶来说，这个日子是十分固定的，而且年复一年都是如此。诱发这种掉头行为的因素有可能是夜晚的长度和温度。

这样的蝴蝶靠太阳导航，但显然很少或根本没考虑到太阳的位置在白天也是移动的。它们的迁徙路线因而十分不固定，由于它们旅程的目的并不是到达某个特定的地点，而是发现新的觅食地以及交配和产卵地点，这样的路线非常适合它们。

有几种蝴蝶的迁徙方式非常不同，其中最有名的是君主斑蝶（黑脉金斑蝶）。大部分君主斑蝶都栖息在北美五大湖周围的林地里，是一种长寿的蝴蝶，有些能活大概一年的时间。春天孵化的蝴蝶很可能一生都待在同一个地方。初秋的时候，新一代蝴蝶出生了，其中一些也不会飞远。吃饱后它们就在中空的树干或者死树的树皮下狭窄的缝隙中寻找庇护所，留在那里冬眠。然而，秋天出生的一代中约有三分之二的君主斑蝶会采取一个完全不同的方式。它们会向南飞。沿着一条固定而狭窄的路线飞行，而且是有目的的飞行，很少停下来觅食或求偶。入夜时，它们会栖息在之前几代君主斑蝶栖息过的树上。它们也靠太阳导航，但显然它们知道如何不被太阳每日在天空中的移动轨迹带偏，因为它们的飞行路线是笔直的，与菜粉蝶等种类的蝴蝶觅食时蜿蜒前进的路线完全不同。在完成了大约3 000千米的旅程后，它们终于到达了得克萨斯州南部和墨西哥北部的一片区域。到达目的地的蝴蝶会聚集在一两个特定的山谷里，数百万只一起栖身于世代使用的特定的针叶树上。树上的蝴蝶密密麻麻，树干被翅膀铺满，一点空隙也没有。其他停在树枝上的蝴蝶也一样，每一根针叶上都挂着蝴蝶，像是随时能滴下来的蝴蝶雨。

在温暖的日子里，这数百万只蝴蝶中的一小部分可能会飞出一小段距离，断断续续地进食，但大多数时候它们都在休息。等到春天来临，它们才开始活动。尽管身体已经完全发育成熟，但在这之前它们都还没有进入性活跃期。现在蝴蝶开始交配。然后在几天之内，这片大规模的蝴蝶暴风雪就会向北移动。这一次它们不会飞得那么快，通常一天只飞 15 千米多一点儿。它们一边飞，一边觅食和产卵。很少有迁徙的君主斑蝶能回到北方它们出生的树林，但它们在沿途中都留下了后代。第二年秋天，更多的君主斑蝶将从北方蝴蝶留下的卵中孵化出来，向南开始漫长的旅程。

迁徙的昆虫飞行高度各不相同。在有风的日子里，蝴蝶会保持较低的高度，在一排排树、树篱和墙壁后面避着风，以免被吹离航线。然而，在风和日丽的日子里，蝴蝶可以飞到离地面 1 500 米的高处。像小蜘蛛这样不自主的飞行者会被卷到更高的地方。在飞行过程中，所有这些小旅客都面临着被雨燕等高空食虫鸟类捕食的风险。逃脱的那些还可以继续往上升，直到海拔 5 000 米的高空。

坐在一架加压、加热和富氧的客机机舱里，我们很难真正体会头顶几英里高处的那个世界，但是乘坐悬挂在气球下面开放的篮子飘上半空却可以感受到这一点。在刚开始几百米的旅途中，从下面传来的声音——汽车发动机的声音、断断续续的聊天声、钟楼敲响的钟声，远远听来有些奇怪和失真。但很快一切都安静了，只有篮子的嘎吱声和燃烧器发出的零星的轰鸣声打破沉默，正是燃烧器产生的热空气让气球上升。空气逐渐变冷了。你正在随风旅行，就像许多其他被上升的热空气卷到这里的生物一样，一切看起来都像是静止的，虽然相对于下方的地面来讲，你移动的速度可能非常快。然而因为浮云遮眼，此时你可能已经看不见下面了。呼吸的空气正在迅速变得稀薄，你每次呼吸吸入的氧气都在减少。因为你站在狭窄的篮子里不动，所以这也不是什么困扰。事实上，你可能基本没有意识到空气物理性质的变化。这正是危险所在，因为你大脑接收的氧气越少，活力就越低，你的官能就会开始迟钝。在你意识到任何生理性损伤之前，你可能就已经丧失了判断能力。因此，当你的高度计显示已经到达 5 000 米高度时，明智的选择是马上戴上面罩呼吸氧气。

你进入的是一个异常美丽的世界。下方远远的地面可能已经被一层薄纱般的云层掩盖。群山从云层中探出头来，就像白色大海中的岛屿。巨大的云朵在你周围飘移，下缘平坦，上端却是翻滚着、汹涌着、快速变化的羽状物。当你接近它们的高度，它们内部的湍流就会变得无比生动，而且清晰得可怕。如果你被形成云层的热气流卷进了云团里，那几乎是致命的。云团内部的气流上下翻卷，力量大到可以把气球撕裂。在这些云的上面极高的高处也许还会有几缕云丝，而它们的后面是一览无余的深蓝色太空。

在这样的高度，你也可能看到其他生物。曾有关于苍头燕雀在 1 500 米高空飞行的记录。还曾有滨鸟在 6 000 米的高空被雷达探测到过。它们是候鸟，飞到这样的高度可能是为了利用一般比低海拔地区更强更稳定的风，或者是在夜间飞行的情况下为了看到用于导航的星星。不过，这样的造访是零星和罕见的。多数时候这里也还能找到一些其他的生物。用涂了一层油脂的载玻片进行长时间的找寻，也许能找到几只蚜虫、一两只小小的鼓肚蜘蛛，以及那些无处不在的休眠生命：花粉粒和真菌孢子。

　　不过，这里已经是生命能够到达的最边缘。在这层薄薄的大气里繁衍的数百万种生物中，没有任何一种能去到更高处，除了人类。在这一层之上一千米左右，大气层中的气体已经全部消散。再往上，就是黑暗的虚空——宇宙。

　　我们所穿越的气体带虽然虚无缥缈，却为抵御来自太空的致命袭击提供了宝贵的防护。宇宙射线、x 射线和太阳辐射中的有害射线都被这层气体毯吸收了。那些从外太空飞来的石头和金属碎片——陨石——也在与气体的摩擦下烧成了灰烬。在地球上，我们能看到它们出现和消失，那是流星的痕迹。只有极少数陨石大到足以穿过大气层撞上地球。大气层也保护着我们不受极端温度变化的影响。月球上没有大气层包裹，我们可以充分看出极端温度造成的严重后果。太阳照射到月球上时，它的表面温度会升得非常高，高到可以让水沸腾。在阴影中，月球温度又比南极洲有记录的最低温度还要低得多。在地球上，太阳光线穿过大气层时被吸收了大部分热量，让我们白天的温度保持在可以忍受的范围内；而到了晚上，大气层

又能阻止地球吸收的这部分热量散逸到太空。

时至今日，大气中含量最高的元素——按体积计算占了约78.1%——是一种不完全惰性气体，氮气。这种气体很可能是在地球形成的早期，地球表面大规模火山爆发时释放出来的。在那之后，氮气就在引力的作用下留在了地球上。氧气在大气中的含量约为21%，加入的时间更晚。它是地球表面的植物和海洋中的藻类光合作用的副产物。大气中其余不到1%的部分由二氧化碳和一些含量极低的稀有气体组成，如氩气和氖气。

除了以上这些气体，大气中还含有水。或者以看不见的水蒸气形式存在，或者凝结成为构成云的微小液滴。虽然天空中的云看似大量存在，但大气中的水相对地球表面的冰盖、雪、湖泊和海洋中的水来说只是很小的一部分。大气中的水也来自地面。有一些是从植物的叶子中释放出来的，更多的是从海洋和湖泊的表面蒸发出来的。有时蒸发过程会在某一大片地区缓慢而均匀地发生，形成一层水平铺开的云。有时水蒸气被大量上升的热空气卷起来，形成热气流，随后凝结成高耸的积云。

把大量的水分子吹到地球各处的风，主要有两个人们很熟悉的成因：地球的自转和太阳不均匀的加热。第一个因素让空气产生了东西方向上的巨大波动，第二个因素则形成了热空气在赤道上升、在两极下降的南北向运动。当这两种影响相互作用时，就产生了巨大的涡流。在温暖海洋上方形成的云可能会旋转形成直径达400千米的旋涡，这种旋涡非常高，可以从上到下跨越整个大气层。这一天气系统周边的风速可达每小时 300 千米。这样巨大的风暴被称为飓风，是所有大气扰动中最为巨大，也是最具灾难性的。疾风催动着暴雨扑向地面，猛烈地扫荡着陆地和海洋。大风推起海浪，形成了席卷海岸的水墙。刺耳的狂风扯碎了树木，撕裂了建筑物，飞速移动的黑云降下泼天大雨。

　　但在大多数情况下，天空中的水降落的方式都比较温和。积云有时升得很高，内部的水滴都凝结成了冰。如果是一片特别大的积云，底部到顶部可能高达 4 千米，上升的气流可能会携带着小碎冰，把它们一直送到顶部。随着云向前移动，气流可能会收集更多的冰晶，冰晶重量增加然后往下掉，再被上升的气流接住上托。经过多次这样的上升和下降，冰粒的体积会变得很大，最终从云层的底部掉落，变成冰雹落到了地面上。不够强大的云团在冰晶还很小的时候就把它们抖了出去，冰晶下落时融化，化成了雨。层状云由更冷、密度更高的空气构成，会随着高度的爬升变冷，然后把超负荷的水分变成雨。还有一些云，被风吹得沿着地形上升，吹向山脉的两侧，再次产生降雨。就这样，所有陆地动物和植物赖以生存的淡水又回到了它们在这颗星球上的来处。

第 八 章

淡 水 甘 泉

SWEET FRESH WATER

雪花落在世界各处的山岭上，姿态如此轻柔，但却是毁灭的力量。山巅的雪覆盖了好几米深，下层雪承受着上面的重量，被压成了冰。它包覆了凸起的岩石，穿透了岩石裂缝。雪继续下落，越积越厚，下面的冰被自身的重量拖着，慢慢沿着陡峭的斜坡向下移动，大块的、成片的石头也随着它移动。一般这种运动速度很慢，唯一可见的迹象是雪地上的裂缝逐渐扩大。时机一成熟，整个冰盖瞬间失去了抓地力，数千吨冰雪和岩石便会轰然崩塌。

　　大量冻住的水聚集在山脊之间的巨大峡谷中，凝结成一条冰雪河流，这就是冰川。它带来的破坏是毁灭性的。冰川向下滑动时会刮蚀两侧的山谷。冰川底部冻住的巨石就像巨大锉刀上的尖齿一样，碾碎了河床。冰川推着一堵巨大的碎石墙向前。慢慢地，它已经比永久性积雪的平面低了好几英寸，随后的气温回升会融化冰川，水会从冰川的孔洞里涌出，由于混入了石块碾出的碎片和灰粉而呈奶油色。

落在山地低海拔处的雨同样具有破坏性。白天，它看似无害地落到裸露的岩石表面上，渗入岩石的缝隙，但到了晚上一上冻，它就会膨胀，撑开薄片状的节理，碎石和薄片掉落下来，成为悬崖底部成堆的棱角分明的碎石。许多细流汇合成小溪，再汇入冰川融水中。汇合后的水流在山谷中腾起浪花，卷起旋涡，成为一条年轻而汹涌的河流。

从全球范围来看，这种水源是稀少的。地球上 97% 的水是咸水。虽然水里还有许多悬浮的岩石颗粒，但它在化学意义上是非常纯净的。水从云中降下来穿过大气层时，会吸收一些二氧化碳和氧气，但量非常少。在现在这个阶段，河水流经那些刚刚暴露出来的、未经风化的岩石，冲走了岩石中的矿物质，但这些矿物质基本不溶于水。慢慢地，河流继续奔流向前，它会从在河岸巨石之间生长的山地植物那里收集有机颗粒，水里逐渐有了足够的溶解营养物质，可以支持动物的生命。

试图在这些急流中建立永久家园的生物都必须发展出防止被冲走的方法。一种背部隆起的吸血生物——黑蝇——的幼虫没有腿，靠身体后端一个小小的钩环附着在石头上，前端的身体像蠕虫一样随着水流摆动。偶尔幼虫也会往河里走得更远，弯曲身体的一端，用长在前端的一个小吸盘吸住一块鹅卵石，然后身体再度卷起，用主力钩环重新抓住石头。即使它在这个动作中失去抓力，它也可以把自己拉回来。它能分泌出一根丝当安全绳，固定在卵石上，丝能把它拖回原来的位置。水流的速度虽然确实构成了挑战，但也有一个优点：它可以确保水中含量相对不高的可食用颗粒至少以相当高的频率通过。黑蝇幼虫所要做的就是捕捉它们。它嘴的两侧长着一对羽毛状的扇形结构。幼虫会交替扇动它们，然后用一对多毛的下颚把网住的颗粒物刮下来吸进嘴里。每次扇动之前，它都会用口器一侧的腺体分泌出黏液包裹住"扇子"，这样小微粒就不会从细丝之间漏过去，而是粘在上面。

许多不同种类的石蛾幼虫都生活在淡水里。在水下，比如水流不太激烈的河流和平静的湖泊中，它们用树枝或沙粒建造管状的栖身之所，在底部缓慢移动，以叶子和藻类为食。在水上就几乎没有植物性食物了。石蛾幼虫变身为猎食者，织网来诱捕猎物。幼虫在石头下面把丝绕成一个漏斗状，自己藏身在石头里，捕食被网住的昆虫幼虫或小型甲壳动物。第二种方式是织出一个长5厘米的管状网，网眼非常细密，可以挂住体积很小的微粒。幼虫自己住在网内，上颚有胡子一样的刚毛，定期刮刷网的内侧。第三种方式是在鹅卵石之间用丝绳构建一个椭圆形框架，然后蹲在鹅卵石面前，8字形摆动头部，编织出一张细网。整个过程不过七八分钟。如果一个大点的颗粒把网撞破了，幼虫很快就能修复。随着虫子长得更大、变得更强壮，它敢往溪流中走得更远，建造更大但更粗糙的网，捕捉更大的猎物。有了这样的设备，这种幼虫和许多其他昆虫，如甲虫、蚊蚋、蜉蝣和蠓虫，成功地在水流中定居下来。有了它们在这里，

175

其他较大型生物在此定居也成为可能。

　　沿着安第斯山脉的山谷往下走，如果足够幸运，你可能会看到一对很漂亮的鸭子，栖息在河流中央被白色旋涡所环拥的巨石上。其中雄性的头呈白色，有黑色条纹，嘴是樱桃红色，身体是灰色。它的伴侣脑袋是灰色，脸颊和前胸的羽毛偏红。它们是湍鸭。雌雄羽毛的显著差异并不像很多鸭子一样只在繁殖季节显现，而是全年都是如此。其中一只可能会忽然间潜入水中，消失不见。它在水下逆流而上，用长着又长又硬的羽毛的尾巴抵住石头，支撑住自己，翅膀的弯曲处有小而锋利的距，可以牢牢抓住石头上的缝隙处，细长而略带弹性的喙在石头之间啄食幼虫。大约一分钟后，它跃出水面，姿态十分轻松，回到它的大石头上小憩。大约半个小时，这对夫妇会继续朝着上游方向前进，从一块石头到另一块石头，用大大的蹼足有力地划水，完美地判断着旋涡和急流的速度。偶尔会爬上一块一半都浸在河里的石头，哪怕水流还围着它们的腿打着漩儿，它们也能满不在乎地稳稳站住。每对夫妇都有自己专属的河段。一旦到达自己领土的最上游，它们就会马上放弃与激流的英勇战斗，在白色的湍流中轻快地起伏着，漂回原来的位置。它们极少离开早已驾轻就熟的河面飞到空中。

　　湍鸭生活在纵贯安第斯山脉的高山河谷中，从智利一直到秘鲁。在北方，它们与一种血统迥异但技能非常相似的鸟类——河乌——共享着河流。河乌和画眉一般大小，与鹪鹩有亲缘关系，不仅在美洲有分布，在西伯利亚、喜马拉雅山脉的山间溪流、整个欧洲和不列颠群岛也有。它吃蝌蚪、小型软体动物、小鱼和栖息于水面的昆虫，也擅长在水下搜寻幼虫。然而，它的技术与湍鸭的略有不同。它的脚没有蹼，因此它不能像湍鸭那样依靠脚来产生强大的前驱力。但它会在水下拍打翅膀，潜入水底。到达水底后，它会一步一步顺着水流往上走，快速抖动翅膀来稳定自己，保持头部向下，臀部向上，这样水流就能帮它抵消自然产生的浮力，把它向下压向河床。在河乌栖息的北方山脉和喜马拉雅河谷中，溪水一般都非常冷，但河乌有十分浓密的羽毛，还有异常大的油脂腺，赋予了羽毛绝佳的防水性能。

强劲的山地河流在高海拔地区也会造成破坏，主要通过结冰和霜冻。在旱季，它们可能看起来只是潺潺细流，从一个浅湖流到另一个浅湖，但通过观察河道上的巨石，你就可以判断出水流在汹涌时期力量有多大。没有一块石头像山坡上那些被霜冻崩开的悬崖山岩碎片那样尖锐。它们都是圆溜溜的。有些石头可能非常大，重达数吨，石头上面甚至会覆盖着一层植被，说明它已经多年没有移动过了。然而，它们光滑的形态清楚地展示了雨水异常年份的图景：暴雨使河流扩张，咆哮的棕色洪流席卷了整个山谷，巨大的石块轰鸣着冲下河床，把沿途的一切都碾碎砸光。

这些年轻的河流从山中下来，一路白浪如涌，疾流如飞，激荡在堆积的巨石间，浪花镶嵌着陡峭的岩壁上，给它们挂上一层光润的面纱。如果流经陡峭山谷或高原，它们可能即将面临巨大的飞跃。在委内瑞拉南部，一条河流从砂岩台地的边缘腾空而起，随之下落

1 000多米，这就是世界上最高的天使瀑布。除了在降雨最多的季节，从这样的高度落下去的河水在到达地面之前就已经被风吹散，成了阵阵水雾。

在去往低海拔地区既漫长又热闹的旅途中，河水变得越来越有营养了。山坡上覆盖着的一片一片的苔藓、羊胡子草、石楠和莎草贡献了它们腐烂的叶子，把水变成棕色。岩石表面经过了长期风化，加上地衣和其他植物的腐蚀作用，岩石矿物转化为可溶的化合物。碎石经过无数次在水涡和急流里打转，被还原成微小的颗粒，与绵延的沙子和泥土一起覆盖了河床。

现在，各种各样的开花植物开始在河里生根了。水流的拖拽力仍然强到可以把植物撕裂。许多植物长出了水下叶子来降低这种危险，这些叶子和流苏一样是一缕一缕的，只有在水面以上才会长出大而宽的叶片，因为不会被水流拉扯。这里的河水温度要高得多，因此所含的溶解氧比山谷上方接近冰点的河水少得多，但这种匮乏在很大程度上被植物的活动化解了。植物的水下叶片会排出微小的氧气泡，这是它们光合作用的副产物。

河水现在温暖、富含氧气且营养丰富，足以为鱼类提供多种食物——藻类和植物叶片可供食草鱼类采食，食肉鱼类可以捕食昆虫幼虫、水生蠕虫和小型甲壳动物，鱼苗吞食成群的肉眼不可见的单细胞动物，大鱼吃掉小鱼。但永不停歇的水流不仅对更小型的生物来说是个问题，对鱼类来说也一样。

有一些鱼会正面应对，如美洲红点鲑。它们会不停地游动，通常用尾巴击水，能对抗以每秒1米的速度流经身边的水流，在自己选定的水域中保持着自己的相对位置，在那里进食也相当容易。如果受到惊吓，它们轻松地一拍尾巴就能把自己投到上游一个新的位置。这对它们来说根本不在话下。

另外一些鱼类，如杜父鱼，会躲在河床上的石块之间来逃脱水的牵引力。在热带溪流中生活的鲇鱼和泥鳅分属于两个独立且没有亲缘关系的科，但它们腹部两侧的一对鳍都变成了吸盘，用这种吸盘，它们可以牢牢抓住岩石。然而，生活在安第斯山脉的一种鲇鱼和生活在婆罗洲的一种泥鳅分别开发出了一种新方法。不用吸盘固定自己，而是靠多肉的唇部挂在石头上。这个功能有一个明显的缺点：它们不能像大多数鱼那样通过嘴巴把它们需要的含氧的水吸到鳃部。这两种鱼都进化出了相同的解决方案——长出一片横在鳃盖中部的皮肤。水会从上半部进入，经过鳃之后，再从下半部排出来。

与许多其他动物群一样，鱼类也有不同的繁殖策略。有些鱼不管自己的卵，但产下的卵数量庞大，几乎总有一小部分存活下来。举例而言，一条雌性鳕鱼可能会一次性产下650万颗卵。有些鱼一次只产下大约100颗卵，但会投入大量的时间和精力来保护卵和守护鱼苗的安全。

在河流中，水流始终单向流动，这对以上两种策略各自的比较优势产生了明显的影响。表面上看来，让河鱼像鳕鱼一样采取第一种弃卵于不顾的方式是完全不切实际的，因为无助的幼鱼会被水流冲走，如果想回到父母的出生地，就得完成几乎不可能完成的洄游之旅。然而，鲑鱼和它们的近亲湖红点鲑都能做到。雌鱼在砾石中间的浅坑里产卵，然后用沙子覆盖，避免卵被水流卷走。一只雌鱼可能会产下多达 14 000 颗卵。整个冬天，卵就待在那里。第二年春天孵化后，鱼苗会在原地停留和进食好几个星期，在这之后就会顺流而下，一路经过许多瀑布和急流。等到了湖里，湖红点鲑就待在静水中，而幼年鲑鱼的旅程会继续，直到进入大海。吃饱并发育成熟后，这两种鱼都会在浅滩上聚集，然后返身回到它们曾经顺流而下的河流。它们能精准地识别自己孵化的那条河中可溶矿物质和有机物的构成特点，最终回到祖先的那片支流。它们在那里繁殖。其中有许多卵会死亡，其他的将再次回到河流中，在平静的水域恢复力量，然后在第二年再次开始旅程。

许多河鱼不会选择鲑鱼那样艰苦的行程。大多数会采取第二种策略，保护它们的幼苗不受河中水流的冲击。杜父鱼把卵产在岩石的裂缝里，有时甚至会选择空的贻贝壳。雄杜父鱼守护着卵，勇敢地迎击任何靠近的生物。另一种生活在欧洲的鱼类——鳑鲏，不会把卵产在一个空壳里，而是产在一个活贻贝的壳里。繁殖的时候，只有六七厘米长的雌鳑鲏会推出一个几乎和自己一样长的产卵管，小心翼翼地把它插进贻贝排水的水管里。然后，它在贻贝的外套腔内产下 100 颗左右的卵。在这个过程中，雄鳑鲏就在一旁徘徊。当它的配偶产完卵后，它会排出自己的精液，精液随着水流一起被贻贝吸入,顺着水管落到里面的卵上。在这之后,受精卵通过流动的水保持着良好的氧合,虽然贻贝制造水流原本只是给自己用的。幼小的鳑鲏孵出来后并不急于离开自己的庇护所,而是用短而尖的吻吸住贻贝外套膜上柔软的肉,边吃边长,最后终于有一天它们会松开嘴,随着贻贝的呼吸,顺着水管被吹进外面的世界。

必须补充的是,贻贝也同样利用了鳑鲏。它在鳑鲏产卵的同时繁殖,小贻贝被从壳中带出来,附着在成年鳑鲏的鳃和鳍上。它们会一直待在那里,直到做好在河床上安定下来开始成年生活的准备。

在亚马孙河,有一种名叫溅水鱼的小鱼,会把卵放置在所有水上威胁都够不着的地方。采取这种方案需要无比高超的繁殖技巧。雄鱼和雌鱼相互锁住鱼鳍,一起跳出水面,目的地是一片悬在水面上的叶子背面。大约几秒钟的时间里,它们会用特别长的腹鳍抓住叶子,同时产下一小团受精卵。然后它们就会落回水里。接下来的几天,雄鱼会在水中巡逻,定期用尾巴溅水到树叶上,防止卵变干。

另一种淡水鱼,慈鲷,不仅保护自己的卵,还会照顾幼鱼。有超过 1 000 种的慈鲷生活在非洲和南美洲的湖泊或河流里。有些种类会使劲地在石头中间挖出一个浅坑,把卵产在里面。还有一些把黏糊糊的卵产在认真清理过的树叶或石头上,雌性用产卵器把卵整齐地排成一排,就像糕点师给蛋糕涂糖霜一样精确。雌鱼这样做的时候,雄鱼会游到它旁边,为卵授精,鱼鳍膨胀、颤抖,呈现出饱满的繁殖期颜色。

那些用最直接的方式照顾后代的慈鲷现在盘旋在卵的上方，用鳍扇着河水，让含氧的水不断地流过卵的周围。如果有其他的鱼靠近，慈鲷便会鼓起喉部、张开鳃盖威胁来者，甚至会直接攻击和撕咬对方。当幼鱼孵化时，许多种慈鲷都会在石头中开辟一块干净的育儿所，用嘴叼着幼鱼把它们带到新的住处，还会小心翼翼地滚动下颚，做出一种类似咀嚼的动作，给幼鱼周身做彻底的清洁。当鱼苗长大开始游动时，父母会保护性地游在它们旁边，把落后的小鱼叼进嘴里，再喷出一股水柱把它送到鱼群的前面。

还有一些慈鲷种类的父母更加无微不至。这些口育鱼不会冒险将卵留在巢中。完成受精后，父母中的一方会立即将所有的卵都放入嘴中，含着它们大约 10 天的时间。在这段时间里成鱼无法进食。它会轻轻地上下移动下颚，让发育中的卵保持清洁，避免被细菌感染。孵化出来以后，幼鱼依然待在成鱼的嘴巴里。虽然成鱼最后总会把幼鱼吐出去，但如果发现危险，它又会放低下颚和喉咙把它们都吸回嘴里。孵化一周后，幼鱼还会继续寻求这种庇护。有时它们会根据父母发出的信号返回嘴里，有时则完全因为自己想回去，这时它们会通过轻轻啃咬父母的嘴来表达意愿。

一些非洲口育鱼把这种行为进一步精细化了。雌性产下卵后，在受精前将卵都收集到嘴里。雄鱼在附近展示自己，臀鳍上有一排黄色的斑点，周围勾勒了一圈黑线，和卵的大小、颜色几乎完全相同。把真正的卵都收好之后，雌鱼看到了伴侣鳍上这些看起来很像卵的东西，就游过去张开嘴，也想收进去。这时雄性会排出精液，卵就在雌鱼的嘴里受精了。

另一种慈鲷，盘丽鱼，会为它的孩子提供一种特殊的食物。这种鱼，顾名思义，是一种圆盘状的生物，能长到 15 厘米宽。橄榄绿色的肚腹装饰绚丽，布满渐变的红色、绿色或亮蓝色条纹。雌性在石头或树叶上产卵。孵化后，父母会把幼鱼小心翼翼地转移到用细丝拴着的其他叶子上。然后成鱼会在身体表面糊上一层黏液。这种黏液从盘丽鱼体侧渗出，甚至眼睛上都覆盖着一层。幼鱼会从树叶上下来，接下来的几天里都会不停吮吸它们父母身上富含蛋白质的黏液。

动物能给予后代的最大保护就是让卵在雌性体内孵化，并且留在那里度过发育的第一阶段，也就是最无助、最脆弱的阶段。除了有袋类动物外，所有哺乳动物都会采用这种方法，这一特质一般被认为是哺乳动物群体成功的原因之一。但早在哺乳动物出现之前很久，鱼类就已经使用类似的方法了。在海里，鲨鱼和鳐鱼仍然以这种方式繁殖，许多淡水鱼家族也一样。其中一种体形较小的孔雀鱼生活在热带的江河湖泊里。雄鱼的臀鳍特化成了一个可移动的小管，叫作生殖足，能把精子一粒一粒地射入雌鱼的生殖孔中。雄鱼在体形大得多的雌鱼周围献殷勤，评估它对繁殖的准备情况，如果发现时机成熟，就会瞄准目标，猛冲过去，与雌鱼进行短暂的接触。一次成功的射精足够让好几批卵同时受精。这些卵会在雌鱼体内孵化。慢慢地，雌性体内的幼鱼会变得肉眼可见，在雌鱼身体后部凸起一个黑色的三角形团块。最后，在它们一只接一只地从母腹中钻出来时，幼鱼已经完全发育，可以在植物中间迅捷地游动，躲避危险。

生活在巴西南部河流中的一种四眼鱼发展出了很不寻常的方式。它的生殖足不仅由臀鳍构成，还包含皮肤的一部分，由于这种构造，它的生殖足不能像雄性孔雀鱼的那样大范围活动。事实上，一条雄性四眼鱼的生殖足只能指向一边。有的朝右，有的朝左。雌性四眼鱼的生殖孔也一样是不对称分布的，所以向左侧射击的雄鱼只能与靶子长在右侧的雌鱼交配。

庞大而多样的河鱼群自然会引来捕食者。鱼群之中就有最凶猛的掠食者——南美河流中的水虎鱼。这些鱼大部分都体形不大，不同种类中最大的也不超过 60 厘米长。但它们有可怕的三角形牙齿，非常锋利，亚马孙人把它们当剪刀。水虎鱼通常捕食节肢动物、蠕虫，甚至也吃植物以及其他鱼类，一般是受伤或患病的个体。它们也会攻击体形更大的生物，比如水豚，尤其是在它们已经受伤或溺水的时候。水虎鱼生活在浅水中，可能是为了保护自己不受凯门鳄、鸟类和大型掠食性鱼类的伤害。它们攻击猎物时会集体行动。一旦开始进食，不管猎物当时是死是活，随着越来越多的血液流入水中，它们会变得越来越疯狂，相互拼抢，直到从骨头上撕下最后一口肉。尽管这样的攻击可能很可怕，但水虎鱼对人类的危险程度被过分夸大了。它们很少攻击人，除非有开放的伤口，而且血流入了水里。它们也不会潜伏在旅行者可能涉水的地方，或者人可能从独木舟上掉进去的急流里。

河鱼也会遭到其他种类的掠食者的攻击。乌龟会伏在河底等着它们。它们游得不快，捕捉猎物一般靠埋伏。玛塔龟（又称枯叶龟）原产于南美洲，会用头部和颈部挂下来的皱褶和垂皮伪装自己。它的外壳也不太光滑，常常长着一层藻类。玛塔龟经常趴在河底腐烂的树叶和树枝之间，这种时候它几乎是隐身的。如果有鱼游到它的狩猎范围内，它会突然张大嘴巴，把鱼一口吞掉。真鳄龟是所有淡水龟中最大的一种，身长可达 75 厘米，它钓鱼的方式更为活跃。真鳄龟的嘴底有一个小突起，末端连着一根鲜红色的蠕虫状细丝。它张大着嘴巴休息，不时地抽动它的红色小诱饵。如果有鱼来吃饵，它只需要闭上嘴就可以把鱼吞下肚。

鳄鱼和它们的美洲表亲——凯门鳄和短吻鳄——在幼年时都以鱼类为食，成年后则改吃腐肉。然而在印度生活着另一个家族成员恒河鳄，也叫印度鳄，一生只吃鱼。它的下颚又长又细，在水下比其他鳄鱼的宽下颚更容易合上，而且在捕鱼时是侧着头。这是一种巨大的爬行动物，据说能长到 6 米长，但它抓鱼所需要的肌肉比鳄鱼从羚羊尸体上撕下一条腿所需要的肌肉要弱，因而印度鳄下颚的咬合力也相对较弱，也从来没有过它们攻击人类的记录。

到这里，已经是河流的中游。它已经不复年轻时的欢腾，速度也大不如前，河道更是少有变化。它不再碾磨或者撕开流经的大地。河流步入了中年。流得较慢、更为宽阔的河水可能仍然浑浊，但更多时候是在沉淀颗粒物，而不是吸纳更多。从两岸的森林和草地里

冲进河里的泥浆让河水比以前更加富含营养。一丛丛蔓生植物在平缓的水流中来回摇摆。灯心草和芦苇列队生长在岸边，挡住了回水，各种陆地动物会来河边喝水，捕食水中的生物。

鼬科动物都是凶残而老练的猎手，其中有一种专门只吃鱼，长着蹼足、可闭合的耳朵和防水的皮毛——水獭。它在水下迅速又灵活地来回追逐着鱼，很少有鱼能躲开。有时水獭会用尾巴拍打水面，把鱼群赶到浅水池里，在那里惊慌失措的鱼更容易被抓住。

岸边栖息着翠鸟。有些能像鹰一样熟练地盘旋，拍打着翅膀悬停在空中。如果它看到一条鱼不小心接近了水面时，就一头扎下去，用锋利的喙叼住鱼，然后回到刚才的位置。它会将猎物猛地摔打在脚下的栖枝上，接连几下，直到这条鱼被击昏或摔死。随后它会叼着鱼，抛几次调整位置，就这样在它最后完成一次抛掷把鱼吞下肚时，鱼是头朝下、鳍刺朝后的，不会卡住鸟儿的喉咙。

夜晚，东南亚和非洲的猫头鹰会来到河边捕鱼。它们的腿上没有羽毛，所以可以在水中干净利落地出击；爪子上长着边缘锋利、方向冲下的刺状距，能够抓牢不停扭动的滑溜溜的猎物。对于观察过森林猫头鹰的人来说，它们飞行和俯冲的动静大得出人意料。森林猫头鹰的翅膀上有特别的消音装置，也就是飞羽上有绒毛的边缘。但是斑渔鸮不需要这样的消声器，因为鱼不像田鼠和老鼠，对空气中的声音不太敏感。

美洲没有捕鱼的猫头鹰。那些扫过水面的爪子不属于鸟类，而是蝙蝠的。似乎没有足够的空间容纳这两种生物同时采用这种方式捕鱼，在新大陆，蝙蝠是第一个发明这种技能的生物，从那以后就一直保留了夜间捕鱼权。

有一些陆生动物来到河边啃咬水草。在欧洲，长着胖乎乎的脸和毛茸茸的尾巴的麝鼠——通常被不怎么准确地称为水老鼠，正忙着"割"岸边的草和芦苇。它们虽然非常擅长游泳和潜水，但没有发展出任何能在水下生活的特殊生理适应能力。河狸则不同，它们是装备精良的游泳者，生活在欧洲的种群曾经数量庞大，现在北美的部分地区仍然有大量分布。它的后脚有蹼，皮毛浓密且防水，耳朵和鼻孔可以闭合，尾巴扁平、宽阔而无毛，当一只用来划水的桨再好不过。河狸会掘出睡莲植物的根，咀嚼芦苇，但它们的主要食物不在河里，而是在河岸上。它们剥去树皮，咀嚼白杨、桦树和柳树等落叶树的细枝和叶子。河狸还能啃倒树干直径达半米的大树。把树干拖到河水较浅的河段，在上面垒上泥土、石头、树枝、树干和大堆其他植物，如此河上建造出一道屏障，阻挡河水的流动，形成了一个相对宽阔的湖。在岸边，这些不知疲倦的动物继续建造它们的小屋，有巨大的圆顶状结构，一个或多个水下入口，全家都住在里面。耗时耗力造出来的湖则充当储藏室。河狸拖下树枝和灌木枝，把它们沉入水中，这样在冬天土地都被雪覆盖，湖面也结冰之后，依然可以把树枝从水中捞上来食用绿色的树皮。通过小屋内部不结冰的入口，它们可以钻到湖中最厚的冰层下面。湖水也给了它们极大的安全保障，只要它们不断维护大坝，保持水位不下降，那些入口就不会暴露在外，它们的小屋也就安全无虞了。

最大的水栖动物——非洲河马，同样也把河流当作庇护所，而不是它的草场。成群的河马在栖息地的白天很常见，它们懒洋洋地躺在河里，发出咕噜声，大张着嘴巴，偶尔也会吵架。水浮起了它们巨大笨重的身体，让它们能踮着脚，用脚尖轻点河底就能在水中行走。因为这是我们通常看到它们的时间和方式，我们倾向于把它们视为习惯生活在河里的动物，但它们最活跃的时候其实是在陆地上，而且是夜间。深夜十分，它们会迈着沉重的步伐，沿着一代一代的兽群踩出的痕迹上岸吃草。一只河马一晚上能吃 20 千克。天亮前它们会回到河边，那时没有什么动物能攻击它们，连鳄鱼也不在。河马在陆地和河流之间的往返活动对河流中的水生生物来说是非常重要的。因为河马习惯在水中排便，所以每一天河马都会向河流输送大量由陆地植物合成的营养物质，成群的鱼总是在河马屁股周围游来游去，等待下一顿大餐。尽管河马习惯吃素，但它对人类来说极其危险，每年会造成数百人死亡，起因主要是在威胁面前保护它的幼崽。

河流在继续流向大海的途中可能会遇到坚硬岩石的拦阻，而作用于沙子和鹅卵石的切割力在这样的岩石上几乎起不了什么作用。随着坡度放缓，河流会继续变宽，直抵坚硬岩层的边缘，这时河水会溢出来，继续向下侵蚀。河道成为悬崖，悬崖上形成瀑布。世界上大多数大瀑布都是这样形成的，如赞比西河上的维多利亚瀑布，南美洲巴拉那河支流上的伊瓜苏瀑布，以及北美五大湖之间的尼亚加拉河上的尼亚加拉瀑布。

在高度上，这些瀑布都无法与天使瀑布（安赫尔瀑布）那令人眩晕的一跃相比，但就宽度和水流体积而言它们要雄伟得多。水流很难侵蚀造就瀑布的岩层的上表面，但可以从下面施展攻击。从瀑布边缘倾泻而下的水流冲击着瀑底较软的岩石，将它们磨损，随之继续向内侵蚀坚硬的岩层，直到边缘的岩层崩塌，从瀑布中滚落下来。就这样，这些巨大的瀑布沿着河流稳步推进，在下游留下了一个深邃的峡谷。现在，尼亚加拉瀑布正以每年 1 米多的速度在移动着。

这些巨大的瀑布创造了它们自己的小气候。大量翻滚的落水发挥了风一般的作用，直扑瀑布旁边的崖壁，用水雾把它们浸得透湿。在维多利亚瀑布，这种小气候产生了一个微型雨林，与周围干热的热带大草原形成了鲜明的对比。那里生长着茂盛的兰科、棕榈和蕨类植物，在轰鸣的水声中间，你可以听到传来的阵阵蛙鸣和小虫的低吟声。

在伊瓜苏瀑布幕帘后面的岩石被雨燕当成了避难所。白天，它们在几乎超出人类视线之外的高空觅食，捕捉昆虫。夜幕降临时，它们开始在高空集结，依然在相对较高的空中飞翔，直到日落前才开始高速下降。雨燕会径直冲向水墙。就在撞上水墙的前一刻，它们会收起翅膀，让速度带着它们穿过水幕，冲向后面的岩壁。随着一个向上俯冲，它们抬爪向前，抓住岩石，挂在石壁上。有的停在干燥的地方，有的则不断被水喷淋，但显然它们很享受沐浴，不停地梳洗自己，偶尔还喝上一口水。在人类看来，它们为了一小块栖息地所冒的风险似乎不值得，但它们的空中技能如此强大，总能成功地潜入水幕。我们只能得出这样的结论：对雨燕来说，进入牢不可破的栖息地并不存在任何风险。

河流现在正在靠近它们旅程的终点。它们老了——体形庞大，行动迟缓。它们仍然携带着一些沉积物，但并不规律，这里捡一些，那里丢一些。当河流绕过一个弯道时，外侧的河水由于流过的路程更远，必然会比内侧的河水移动得更快。因此，泥沙在弯道的外侧保持着悬浮状态，不断切割这一侧的河岸，而在弯道的内侧，泥沙沉积下来，在岸边形成了石滩和泥地。就这样，年老的河流慢慢侧着身子流过平原。有时它摇摆和蜿蜒的方式十分夸张，一个弯道持续接近另一个弯道，两者之间的河曲颈变得越来越狭窄，最终消失。这条河的河道就这样被裁短了，之前河曲部分的河床被隔成了一个湖。

那里的水是静止的。支配着许多河流水生生物的习性和生理结构的要素——来自水流的恒久牵引——已经消失。生命于是可以呈现出新的形式。植物不再紧贴河岸，也不再把自己固定在岩石上。现在它们可以让叶子浮到水面上，捕捉尽可能多的阳光。睡莲扎根在湖底厚厚的软泥沉积物中，伸出嫩芽，展开圆形的叶片。最大的一种睡莲是亚马孙河流域著名的王莲，它生长的方式可谓盛气凌人，其他植物都被赶出了它所在的湖面。王莲巨大的叶片由结实的、内部充满空气的肋条状叶脉撑开，背面有刺，边缘向上翘起。叶子打

开直径可达 2 米，在水面上移动时，叶片上翻的边缘能把所有其他的漂浮植物推开，自己占据全部空间。王莲的花有汤盘那么大，刚开放时是白色的。花朵产生的气味对甲虫特别有吸引力，甲虫会从空中笨拙地飞过来，吃花心里一种富含糖分的特殊产物。一朵完全盛开的花可以吸引多达 40 只甲虫。大多数甲虫会从其他花朵中带来大量花粉，花粉由此传播到王莲的雌蕊上。到了下午，王莲的花瓣会慢慢闭合，把正在吃大餐的昆虫囚禁在里面。第二天花瓣才会再次打开，把它们释放出来。这时，甲虫全身已经覆盖了一层新的花粉，它们会带着花粉飞去另一朵花上赴宴。受精后的花会慢慢变成紫色然后枯萎。

一些和鸹鸟差不多大小的鸟——一般是水雉——在这些巨大的叶子上优雅地行走，人们叫它们"漫步莲花者"。它们的脚趾和指甲都格外长，让本身就不大的重量能分散到漂浮的叶子上。它们不止在睡莲上步履轻快，在小得多的漂浮植物构成的水毯上也能肆意漫步。它们甚至在水上筑巢，用漂浮的水上叶片搭出一个筏子，固定在芦苇中间。水雉会吃一定量的植物，但大部分时间还是在追捕在漂浮植物之间和水面上窜来窜去的小昆虫。

水之所以是流体而不是一堆分散的水珠，是因为有一种类似磁力的强大力量把水分子互相吸附在一起。水面上只有气体分子，而水分子和气体分子的吸引力远没有那么强。因此，这种张力集中作用在了水面下方和旁边的水分子上。由此形成的强大牵引让水有了一层有弹性的皮肤，足以支撑微小的昆虫在水上行走。大群昆虫生

191

活在这个弹性十足的平台上，充分享受着它非凡的特性。

如果生物要靠这层分子皮肤支撑自己，那么显然不能破坏它。蜡质或油脂可以帮忙做到这一点，这两种物质都排斥水分子。因此，生活在水面上的昆虫水黾的脚上就涂了一层蜡，这样它们就能站在水面上，6条小腿张开，在水膜上形成6个微型的凹坑。比针头还小的弹尾虫全身都覆盖着蜡质。不过它们又小又轻，所以面临的问题不是如何防止自己落水，而是如何防止自己被吹走。它们用身体下面的一个小钩子抓住水面，这个钩子没有蜡，所以能穿透水膜，并且被水膜牵住。它们的腿也没有蜡层，可以穿透水膜，产生一定拉力。

弹尾虫靠吃落在水中的花粉粒和藻类孢子为生。大多其他生活在水面上的生物则把吹落的小昆虫尸体作为食物。这些小昆虫不会下沉，不是因为水有浮力，而是因为昆虫表面的水分子与那些浸入它们体内的水分子彼此拉住，掉落的昆虫就这样被表面张力嵌在了水面上，跟落在胶水里差不多。小昆虫挣扎着，想把自己解放出来，而挣扎导致的振动在弹性的水面上产生了涟漪。行走在水上的猎手们反应迅速，匆匆赶来。第一个到达的猎手立即把猎物拖离水面，这样挣扎的猎物就不会被其他猎手发现，而由这位滑水的猎手独享。沼泽蜘蛛坐在岸边，把前腿搁在水面上感知水膜的振动，就像它们生活在陆地上的亲戚感知蜘蛛网的颤动一样。一只沼泽蜘蛛在撒开8只有拒水性能的腿冲向振动的源头时，会抽出一根丝连接着岸边的大本营，随后用这根丝将自己和猎物拖回陆地上。

　　豉甲从涟漪中获取信息的方式则属于另辟蹊径。它们在水面不断地旋转制造波纹,主动发出信息。然后,它们会监测返回的涟漪,从中检测周围是否有障碍物存在。水黾对涟漪的感知更是微妙,它们会像体操运动员一样大幅度地摇晃身体,以独有的频率振动水膜,向其他水黾宣告:自己已经准备好交配了。

　　也许对水膜表面张力最惊人的利用来自突眼隐翅虫。它主要生活在水边的陆地上,万一掉到水里,它就会从腹部顶端分泌一种特殊的化学物质,可以减少水分子之间的吸引力,从而逃脱水黾和蜘蛛的追捕。由于身后表面张力被稀释,不再能拉扯住它的后部,而前腿仍然被张力向前拉着,突眼隐翅虫会飞也似的冲过水面,好像装了小型舷外马达。它甚至可以通过左右收缩腹部来控制方向,而且能以无与伦比的速度转弯,最后成功地回到岸边,安全着陆。

　　河流转弯处截断形成的湖泊相对较小,较大的湖泊形成的方式是不同的。有些形成于被雪崩阻塞的山谷,有些形成于现已消失的冰川推起的碎石岩壁中,有些则是被人类的工程技术所造就。亚洲北部的贝加尔湖和非洲东部的湖泊起源于地壳的重大运动在大陆上形成的巨大裂缝。北美五大湖位于冰期形成的盆地,当时冰盖覆盖了大部分大陆,从五大湖溢出的冰川不仅在途经的山谷中凿出了深深的盆地,冰川的重量还把地层压入了下方可塑的玄武岩层,那一片地层就这样被压成了碗状。在那以后,冰层以较快的速度融化殆尽,但大陆至今仍未恢复到之前的海拔高度。

　　在五大湖的沿岸,长着灯心草的浅水湾里的生命与小型淡水湖里的生命非常相似。蜻蜓和豆娘、蠓和蚊子在草丛中繁衍，蜗牛和蚌类生活在泥里，狗鱼和水虎鱼四处寻猎，鲤鱼和慈鲷吃水草过活。但在那些很深的湖泊里，情况就大大不同了。

贝加尔湖是世界上最深的湖，湖底距湖面的深度约有 1.5 千米。与海洋相比，这并不算特别深，但大部分海底有洋流流经，巨大的淡水湖的封闭世界却少有扰动。流入湖泊的河水相对温暖，因此会停留在冰冷的深水上层。只在偶尔有风暴兴风作浪的时候，表层水才会被搅动到相当深的地方，在大多数时间里，大湖底部的水接近零摄氏度，黑暗无光，氧气含量很低。虽然传说中那里有不少怪物，但实际上基本没有生命存在。

然而，这些湖泊并不缺乏生物学上的特殊性。由于它们是孤立的水体，动物群落一旦在其中建立起来，就很少会有新成员加入。流浪的水生生物到达湖泊的唯一途径就是沿着河流。要到达上游，就需要逆流而上，穿过其他较小的湖泊，再越过瀑布。很少有生物会这么做，五大湖中的大多数生物是生活在源头的那些物种的后代。在这些小群落中，个体可能发生的轻微基因变化不会像在更大的繁殖种群中那样被淹没，而是更容易保存下来。因此，湖泊里的动物往往会发展成特有的物种。坦噶尼喀湖大约有 150 万年的历史，生活着 130 种慈鲷和 50 种其他鱼类，目前来看，这些鱼类都是独一无二的。湖里的许多虾类和贻贝也是如此。贝加尔湖的生物也许更引人注目。贝加尔湖有 1 200 种动物和 500 种植物，其中 80% 以上是别处没有的。这里有红的、橙的、带条纹的、带斑点的大型扁虫；有生活在水下 1 000 米深处的牛头鱼；还有一种软体动物，由于湖水中的钙盐含量不如海水里的高，所以与大海里的亲戚相比，它的壳要薄得多。这片湖还有独特的哺乳动物——海豹。它与生活在北极的环斑海豹非常相似，极大可能就是环斑海豹的后代。但是，贝加尔湖距离北冰洋有 2 000 多千米，要沿着河流到达这里，就必须跨越无数的急流和瀑布，这似乎超出了海豹的能力范围。然而，首批海豹应该是在冰期从河流逆行向上到达湖里的，当时的旅程可能更短也更容易。如今贝加尔湖海豹是海豹家族中唯一生活在淡水中的成员，体形比其他海豹都要小得多。

从地质学的角度来说，湖泊只是地球上昙花一现的地貌。截断的河流弯道可能会在几十年内消失，较大的湖泊可能会存续数千年，但即使是这样，它们也终归会萎缩。河流注入静止的湖泊，输入大量的沉积物，形成的三角洲慢慢地伸入湖泊，填满湖水深处。泥沙被溪流从周围的陆地带进湖中，周边的湖水变得越来越浅。湖底越来越接近阳光，植物生根发芽，它们常年脱落的茎、腐烂的叶子和根淤积在水里，进一步填塞了湖泊。就这样，湖泊先是变成沼泽，然后变成湿地，最终成为肥沃的草地，而当时填满湖泊的河流仍然从中蜿蜒而过。

在通往海岸的平原上，河流进行着暮年的最后演出。现在的坡度是如此平缓，水流是如此缓慢，河流现在只能载得动最细小的

颗粒了。沙洲和泥滩反复分裂成河道，河流因此交织成了迷宫般的
分支。

数百千米之外，在河流源头周围的高山中，暴雨将河水注入了
各条支流。几天后，衰老的河流突然暴涨，漫过河岸，淹没平原，
留下一层又一层的淤泥。这些既突然又规律性发生的泛滥可以在沙
漠中创造出绿色的原野，就像尼罗河在埃及所做的那样。在温带地
区，这样的泛滥形成了肥沃的平原，为大量种植农作物创造了条件，
如密西西比河三角洲的棉花。亚马孙河的泛滥平原一直延伸至巴西
北部大部分地区，尽管已被人类开发，但大部分地区仍然被丛林覆
盖着，而树木也是这条河最大的受益者。每当洪水来临，河里的鱼
就能够穿梭在树木之间，在被淹没的岸上觅食。许多鱼会吃掉从树
枝上掉落的果实。这并不是一份可有可无的大餐，而是一年中最重
要的盛宴。在此期间，鱼会长出脂肪，支撑自己度过剩下几个只能
在河岸间游动的食物贫乏的季节。鲇鱼为了方便吃果实长出了特别
大的嘴。一些种类的脂鲤已经进化到不吃肉，几乎完全以果实为食。
而有些种类的脂鲤则长着巨大的、用于碾碎食物的臼齿和强大的腭
肌，甚至能咬开巴西坚果。然而，这种树的种子却不会被鱼的消化
液破坏。种子能存活下来，被排泄到浅水区的其他地方。这种亚马
孙树木似乎依赖鱼类来传播它们的种子，就像丛林中其他地方的树
依赖鸟类一样。许多鱼也会在这里产卵，因为这片含有大量腐烂植
被的水域拥有丰富的微生物群，小鱼就以这些微生物为食。

现在，河流终于汇入了大海。一些河流的入海口距离源头只有

几英里，而另一些则要跨越半个大陆，好几个月才能流到这里。流域面积最广、水量最大的河流亚马孙河长逾 6 000 千米，世界上五分之一的淡水在它的两岸之间奔流不息。河口处宽 300 千米，河道和岛屿组成了迷宫似的地貌，其中一片也许就比整个瑞士还要大。即使在远离海岸的地方，这条大河依然能保持性质不变。1499 年，一位西班牙船长沿着东海岸航行，忽然发现他正在驶过的水域不是咸水，而是淡水。他转向西方，成为第一个看到这条巨河的欧洲人。奔涌的河水直到离开大陆的边缘 180 千米之远才最终放弃自我，与海洋的咸水融为一体。

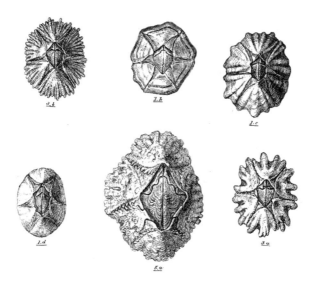

第九章

陆地边缘

THE MARGINS OF THE LAND

所有的大河，如亚马孙河、赞比西河、哈得孙河和泰晤士河，在到达河口时都会因为沉积物变得混浊。成千上万条小河也是一样。不管多么清澈的河水，现在都满载着矿物质和腐烂有机物产生的微小颗粒。它们与海水中溶解的盐混在一起，聚合起来，沉到了河口底部。大片大片的泥滩就这样形成了。

河口泥有它独特的细腻度、黏性和臭味。如果你踏进去，泥滩会把你的脚紧紧攥住，甚至把你脚上的靴子给拔下来。因为泥沙的颗粒非常细，气体无法穿透，内部有机碎片分解产生的气体便一直被困在里面，你踩下去的几脚将气体释放了出来，伴随着一股臭鸡蛋的味道。

有两种性质完全不同的水流洗刷着滩涂，每天更替两次。当潮水退去时，尤其是当河流因为降雨而涨水的时候，淡水占主导地位；

涨潮时，河口的水又会变得像海水一样咸；每天同样会有两段时间，大部分滩涂都没有淹水，而是暴露在空气中。显然，生活在这样一个地方的生物体必须能够承受各种不同的化学条件和物理条件。但回报是巨大的：每天都有食物从海洋和陆地两个方向送达河口，而且河口的海水比其他水域都更有营养，无论海水还是淡水皆如此。因此，少数能够在这里生存下来的生物都繁衍出了数量庞大的种群。

在河口的上游，水是温和的淡盐水。头发丝粗细的颤蚓把头埋在泥浆里，一路吃过去，露在泥浆外的尾部摇曳在水中，拨动含氧的水流。一平方米的泥滩能容纳 25 万只颤蚓，就像表面覆盖了一层红色的毛发。到了更下游靠近大海的地方，那里的水已经变咸了一些。无数一厘米长的小虾在那里挖洞，坐在里面用钩子一样的触角捕捉流经的颗粒物。麂眼螺，每只都不过一粒小麦大，在刚沉积下来不久的奶油状泥层里前进，攫取里面的营养。它们的种群非常繁盛，仅仅一平方米内就能找到 42 000 只。

在接近低潮线的地方，在沙子和泥土的交界处，是沙蠋挖洞的地方。沙蠋也是吃泥沙的动物，但在食用之前会先给泥沙加点营养。这种蠕虫身长约 40 厘米，铅笔一般粗，它会挖出一个 U 形管，在里面涂上一层黏液来固定墙壁。先在 U 形管两臂中的一侧松散地填满沙子，然后用它两侧的刚毛紧贴着管子，冲着管子底部上下移动，就像泵中的活塞一样，把水从填有沙子的那一侧吸进来。水里携带的颗粒物就这样被过滤，留在了沙子里。在这之后，蠕虫就停止抽水，开始吃沙子，消化可食用的碎屑，将多余的物质排泄到管子的另一个臂中。每隔三刻钟左右，它会将处理过的沙子从管子顶部推出来，就像从模具里出来的铸件。鸟蛤也躲在这个区域，就在表层泥沙的下面。它们不与沙蟹争抢泥浆，而是竖起两个短短的肉质水管直接从水中吸入颗粒物。

退潮时，所有这些生物都必须停止进食，转而采取措施防止自己被晒干。麂眼螺外壳周围的泥浆一般没有压实，会被退去的潮水冲刷掉，而这些小型贝壳已经躲进了几英寸深的紧实泥层之中，每一只都用固定在足前端的小圆盘密封住外壳的入口。鸟蛤将两瓣壳夹得紧紧的，密封得水都进不去。沙蟹轻松地缩回进它们的管子里。管子很深，总能存住水。

然而，现在除了脱水外，它们还面临着其他危险。全员都暴露在空袭的风险之下，因为大批饥饿的鸟类正在朝着河口方向降落。每一种鸟会寻觅哪种食物，在很大程度上要看它的喙的大小和形态。凤头潜鸭和红头潜鸭在泥里拨来拨去，把颤蚓揪出来吃掉。环颈鸻大嚼麂眼螺，用它短而尖的喙只轻轻一撬，一小圈螺肉就出来了。滨鹬和红脚鹬的喙有环颈鸻喙的 2 倍长，在浅层淤泥中寻找虾和小虫。蛎鹬用粗壮、深红的喙啄食鸟蛤。其中有些会撬开贝壳，另一些则偏爱找寻外壳较薄的小鸟蛤，熟练地把壳敲碎。喙最长的杓鹬和塍鹬则把嘴探进很深的泥里，把沙蟹从它们的洞里拖出来。

河流搬运来了越来越多的泥沙，滨海滩涂慢慢变厚了。一层绿藻覆盖了滩涂，把泥浆颗粒黏合在一起。到了这个阶段，其他植物就可以扎根了。滩涂现在开始以更快的速度增厚，因为被波浪拍到岸上的泥沙将不再回流到水里，而是被植物的根和茎拦截。滩涂的高度离水面渐渐有了距离，只有最高的潮汐才能到达。从此河岸便固定了下来，河口生物只得把它们的领地让渡给陆地生物。

在欧洲的滨海地区，开垦这片土地的先驱是海蓬子。海蓬子是一种小型植物，叶片呈鳞片状，茎部光滑，节部膨大，看起来像沙漠中的多肉植物。这个类比是很恰当的。开花植物在陆地上进化，它的生物化学过程都是基于淡水。而海水给植物带来了很大的问题：海水的盐度比树液中盐的浓度更高，所以水会从它们的根部组织中流出，而不是流入。因此咸水环境中的植物就和沙漠中的仙人掌一样，保存水分是它们的重要任务。

在热带河口地区，固定淤泥的任务是由红树林完成的。红树林树木有很多种，有些不比灌木丛大，有些则能长到 25 米高。这些植物虽然分属不同的科，但咸水湿地的生存条件让它们发展出了非常相似的特征。

如果要长得和树一样高，如何抓住高黏度、流动性强的泥浆是主要问题。这不可能通过把根深深扎进地下来实现，因为表层以下温暖的泥土只有几厘米厚，而且还缺氧，有强腐蚀性。红树林反其道而行之，根系发育成了阔大、平展的板状，像筏子一样稳稳地扎在泥里。一些比较高的树种会从高处的枝干上发出弯弯曲曲的气生根，获得额外的支撑。树根必须为树木提供营养和稳定性，而红树林的浅根系则是不二之选，因为树木需要的营养不是深藏在酸性泥浆中，而是在由潮汐带来的地表沉积物中。

同时，树根也是树木释放它生命过程中产生的二氧化碳的出口和氧气的入口。同样地，泥浆中是没有氧气的。红树林通过树皮上发育出来的小块海绵状组织直接从空气中吸收氧气。这种组织长在红树林暴露在空气中的呼吸根上。没有这种根的植物则会在水平根系上发育出这样的组织，就像一块膝盖凸出在根的表面。在最靠近海的地方泥沙的运动十分频繁，为了适应这样的泥沙，红树林长出了笋状的呼吸根，这种根不是向下生长，而是垂直向上生长，在树木周围铺开大片针毯，神似某种威武的中世纪防御系统。

盐分对海蓬子来说是个难题，对红树林也是一样。它们必须保存好组织中的水分，用沙漠植物使用的相同装置——厚厚的蜡质表皮和位于表皮小凹陷内的气孔——来防止叶片中的水分蒸发。它们还必须防止组织中滞留高浓度盐分，因为这会严重扰乱它们的化学过程。一些红树林的根部包覆着一层特殊的膜，可以在吸收咸水的时候过滤盐分，这和海蓬子的方法一样。没有这种本领的树会将溶解在水中的盐吸入根部，但会在其浓度达到危险程度之前把盐分清除出去。要么通过叶子上的特殊腺体排出浓盐水，要么将盐输送到树液中，沉积在老叶子中，并在适当的时候脱落叶子，多余的盐分也就跟着排出了。

如果泥沙在湿地的近海一侧的边缘堆积，红树林就会前进，占据这片新的土地。红树林的种子非常特殊，直到发芽都还挂在树枝上。种子会长出一根像矛一样粗壮的绿色枝条，某些树种的种子发出的枝条长达 40 厘米。其中一些直接落进下面盘结的植物根部，楔入其中。下端长出小根，上端长出茎和叶。另一些种子在涨潮时脱落，然后随水漂流。一开始它们会竖着漂在微咸的河口水里，如果它们被落潮带到海里，咸水更大的浮力会给种子更多的支撑，让它们翻起来，以水平的姿态漂浮。现在种皮中的绿色细胞可以开始进行光合作用，为发芽提供养料。最后，种子一端的胚芽中长出叶子，叶子保持湿润和凉爽，也没有被阳光晒伤。红树林树木的幼苗可以在这种状态下存活一年，在此期间可能会漂流数百英里。如果潮水最后将它带到了另一个咸水河口，那么它就会恢复到原来的直立状态，根部朝下。根尖一旦在落潮时触碰到了软泥，就会迅速地扎进去并长出根须。一棵新的红树林树木就这样完成了定植。

虽然红树林湿地中偶尔也能找到一两条没有遮挡的水道，但大部分都长得密不透风，小船想从中穿过也无路可寻。如果你想探索红树林，就必须在退潮时步行进入。这地方一点也不宜人。大多数盘根错节的拱形气生根都不足以承受人的重量，一踩就弯，脚就会滑下去。许多树上都有一层壳，边缘锋利，会在你脚滑时蹭破你的腿，或者划伤你往前栽倒时抓住树根的手。空气中充斥着腐烂的气味。树根上一直淌着水，滴滴答答。软体动物和甲壳类动物在它们的洞里移动，合上钳子和壳，在湿重的空气中发出咔嗒和扑通的声响。蚊子在你的头上嗡嗡叫，叮咬你的皮肤。头顶的树叶层层叠叠，没有一丝微风吹散闷热，空气也很潮湿，让人汗流如瀑。即便如此，湿地的美也是毋庸置疑的。漫过根部的水流给叶片背面投影出一片银色的光辉。拱形的支柱根纵横交错，笋状和膝状的呼吸根从泥里冒出来，构成了无尽变化的纹路。此外，这里到处都是动物的踪迹。

　　一大群各种各样的生物正忙着收集海水退潮后留下的新鲜食物。小小的海螺，与田螺没有多大不同，在淤泥上缓缓移动，啃食小块藻类。直径 5 厘米的鬼蟹在泥地上疾走，寻找有机质残余，用眼睛机敏地监控着危险。它的眼睛不是长在眼柄的顶端，而是环绕一圈，给它们的主人提供 360 度的全景视野。招潮蟹小心翼翼地从洞里爬出来，在海滩上移动。它用钳子捡起一小块泥沙，送进嘴里一组长着硬毛、来回拉锯的刀片样器官上。一组勺子似的毛发把一团团沙子滤出来，另一组将任何可能有营养的东西甩进嘴里。那些不可食用的小颗粒堆积在口器的底部，压成一个小球，招潮蟹会用一只钳子夹住，把它倒出去，一边继续向前走一边再舀上满满一钳子沙。

　　雌性招潮蟹会用两个钳子进行这个操作。雄性只能用一只钳子，因为虽然它们有一只钳子和雌性的一样，但另一只钳子却要大很多，颜色鲜艳，粉的、蓝的、紫的、白的都有。这只钳子的功能不是饭勺，而是信号旗。雄性会一边进行体操表演，一边向雌性挥舞大钳子。动作编排和旗语是一套精妙组合，根据蟹的种类各有不同。有些是踮着脚，转着圈挥舞钳子；有些是疯狂地来回摆动；还有一些是一动不动地举着钳子，蹲上跳下。然而传递的信息都是一样的：雄性已经准备好交配。如果一只雌蟹识别出了同种雄蟹的特殊姿势，它就会跑向雄性，跟随雄性进入洞穴并与之交配。科学家们曾经研究过这些舞动钳子的具体方式能否展示雄性的力量以及可能传递给后代的基因质量，但结论是钳子主要起灯塔的作用，表明这里有一个安全的交配场所。

螃蟹是一个起源于海洋的种群，其中大多数仍然生活在海里，通过壳内的鳃腔过滤含氧的水来呼吸。然而招潮蟹必须出水才能呼吸。方法很简单，可以通过出水之后把水留在鳃腔内来实现这一点。当然，这么少量的水中的氧气很快就会耗尽，但招潮蟹会让水在口器内循环，把水拍打成泡沫来重新注入空气，从空气中吸收更多的氧气之后将水重新输入鳃腔。

也有鱼会从水里出来，曳尾于红树林间的淤泥中。它们是弹涂鱼，最大的大概能长到 20 厘米。它们使用的也是螃蟹的呼吸技术，使鳃腔充满水，但它们无法通过循环利用水来补充氧气，因此会定期回到岸边采集新鲜食物。不过，它们有一个硬壳蟹缺乏的吸收性表面——它们的皮肤。弹涂鱼就像青蛙一样能通过这一点吸收大量氧气。要达到这个目的，皮肤就必须是湿润状态，所以它们上岸活动时会灵巧地侧身滚动，润湿身体的两边。

如果弹涂鱼需要快速移动，比如捕捉螃蟹或逃避危险，它们会把尾巴卷向一侧，然后轻轻一弹，就能在泥地里把自己发射出去。然而大多数时候它们的移动方式没有那么花哨，而只是用两个前鳍当拐杖，噼里啪啦地往前走。前鳍内部有鱼骨和发达的肌肉支撑，鳍的中段还长了一个关节，因此弹涂鱼看起像是用肘部支撑自己在泥浆中穿行。某些种类的弹涂鱼身体下方的第二对鳍长到了一起，形成一只吸盘，鱼可以吸附在红树林树木的根部。

　　世界上许多地区的红树林中都生活着弹涂鱼。一片湿地里通常有三个主要的种。其中最小的一种在水中停留的时间最长，只有在低潮时才冒险离开。大群弹涂鱼在岸边的湿泥里蠕动，翻找小小的蠕虫和甲壳类动物。生活在湿地里潮间带的一种要稍大些。这种弹涂鱼是素食主义者，只吃藻类和其他微小的单细胞植物。它独自觅食，对领地严加把守，会给自己挖一个洞，并在周围的淤泥中巡逻。有时还会在边界围起几米长的低矮泥墙，把邻居拦在外面，也可以在一定程度上阻止淤泥排干。在鱼群密度大的地方，这些领地相互毗邻，泥滩被矮墙分隔成了许多个多边形，每一片里面都有主人，就像围场中的公牛一样管辖自己的领地。第三种弹涂鱼占据了湿地中地势最高的部分。它是一种捕食小螃蟹的肉食性鱼类，也会挖洞，但并不怎么看重对周边地域的所有权，会和和气气地与邻居共享猎场。

　　这些弹涂鱼不仅在水外觅食，求爱仪式也在水外进行。和大多数鱼一样，它们会通过弯曲和抖动鱼鳍来展现自己。由于它们的对鳍都是专为运动准备的，因此它们为求爱所展示的是沿着脊柱生长的两片长鳍。正常情况下这两片鳍是平放着的，当求爱仪式开始时，雄鱼会将它们竖起来，露出鲜艳的颜色。这样做本身是不足以吸引到任何远处的配偶的，因为滩涂确实"摊"得太平了，只有紧挨着的近邻才能看到这条躺在泥巴上的小鱼。因此，雄性弹涂鱼为了让尽可能广泛的观众了解自己的魅力，会翻转尾巴，直直地跃到空中，高高地竖起它的旗。

就目前所知，生活在低潮带的几种弹涂鱼并不关心孵化出来的幼鱼。这些小生物会被冲走，和各类幼虫和鱼苗的群落一起悬浮在表层海水中。它们中的绝大多数将被吃掉或者被海水卷到远离湿地的海里。在那里，它们是无法存活下来的。

但是，潮间带的弹涂鱼为后代提供了更好的保护。雄鱼在有泥墙围出来的区域中间挖洞，然后在洞口周围建造一个圆形的泥墙。因为这里的泥地与永久性地下水水位基本齐平，这样就有了一个有泥墙的小池塘。完成之后，雄性懒洋洋地倚在游泳池的墙边，雌性会加入它。交配发生在池底的隐蔽之处。在那里，鱼卵被产下，随后孵化的幼鱼也留在里面，涨潮期间也不出去。幼鱼会一直长到完成发育，有能力应对敌人时才会离开。

生活在最高处的弹涂鱼没有建造这样的池塘——在这个高度，它们很难给池塘蓄上水。但它们的洞穴非常深，深入泥地以下一米。洞底总能有积水，因此它们的幼鱼在生命的早期阶段也是受到庇护的。

像招潮蟹和牡蛎一样，弹涂鱼本质上是海洋生物，但成功适应了一半在水中一半在地面的生活。一些从另一边来到滨海湿地的陆生动物也做出了同样的适应性调整。

在东南亚，有一种小蛇会造访湿地，追捕弹涂鱼，从滩涂上一直追到它们的洞里。这种蛇已经非常适应在水下生存，它的鼻孔可以关闭，喉咙后面长有一个瓣膜，如果想在水下张口捕鱼，喉咙可以关上。另一种和它亲缘关系很近的蛇不捕鱼，却捕螃蟹，能分泌出一种对甲壳类动物特别有效的毒液。还有一种最不寻常的蛇，它的鼻子上长出了两条可以活动的触须，可能是用来在泥泞的水中找到方向。在这样的湿地中，也生活着一种特殊的青蛙，它是世界上唯一一种皮肤能忍受盐水的青蛙。它爱吃昆虫和小虾。

要说最有进取心、最好奇和杂食性最强的访客还是猴子——长尾猕猴。它能毫无畏惧地用后腿涉水，必要的时候可以走到齐腰深的地方，特别喜欢吃螃蟹。一开始螃蟹跑得太快，猴子还没追上，螃蟹就钻进了洞里。但猴子会坐在洞口附近耐心等待，最后螃蟹会小心翼翼地向外窥视，看看是否可以安全地出来觅食，猴子这时就会一把抓住它。但必须小心操作，因为螃蟹有钳子，许多捕蟹活动都以猴子愤怒地尖叫和疯狂地拍打爪子草草收场。

这片泥泞的大竞技场每一整天开放 2 次，也被淹没 2 次。潮水的上涨迅速而无声。虬结的树根消失在涟漪之下，红树林也发生了变化。对于一些泥地居民如蠕虫、甲壳类动物和其他软体动物来说，可算松了口气。它们不再容易遭受空袭，也不用面临脱水的风险。然而并不是皆大欢喜。一些螃蟹已经变得非常适应呼吸空气，无法长时间在水下生存。每只螃蟹都会小心翼翼地在洞上盖一个泥屋顶，好在里面保存足够的氧气来维持生存，直到潮水再次退去。一些小弹涂鱼爬上树根，好像是洪水中的难民。它们很可能是还没能在泥滩上拥有自己领地的小鱼，因此没法藏进洞里，躲避随着潮水游进湿地的饥饿的大鱼。这些年轻的弹涂鱼离开水应该比待在水里更安全。

　　以藻类为食的海螺也会和弹涂鱼一起爬上树根。如果它们留在泥里，没有岩石裂缝给它们提供庇护，它们也可能受到鱼的攻击。但是它们的行进速度不如弹涂鱼那么快，很难跟上水位的上涨。因此，它们在潮汐到达很久之前就开始离开它们泥滩上的觅食地，表现出高度准确的时间感。它们的内部生物钟还能给它们带来更加细微的警报。每个月都有潮水涨得很高的时候，海螺没有足够的时间从淤泥中一路爬到红树林，以达到躲避潮水上涨的高度。在这种情况下，海螺在涨潮期间根本不会从树上下来，反倒会爬到离红树林根部更高的地方，以确保安全无虞。

　　在裸露的泥地上觅食的昆虫也大批大批地被潮水赶到了红树林的树根和枝叶中间，但它们并没有完全脱离危险。随着潮水涌入红树林的掠夺性鱼类中有一种射水鱼，它们总在靠近海面的地方游弋。射水鱼体形不小，长约20厘米，眼睛很大，嘴巴向上突出。它们的视力极其敏锐，能够透过起伏的水面——同时不被折射所扰，一眼发现停留在上面某处的昆虫。瞄准猎物后，这位射手会将舌头压在沿上颚延伸的一条长凹槽上，猛地缩紧两侧鳃盖，像水枪一样喷射出水流。可能需要两三次才能将射程调整好，但射水鱼会坚持不懈，大多数时候昆虫都会被击中，掉进水里，随即被吞食。如果昆虫停在红树林的高处，也有捕食者等着它们。鬼蟹会爬到树上，在树叶间翻找，用钳子一把钳住躲藏的苍蝇。

　　几个小时里，树木根部挤满了躲避涨潮的难民。接着，水面上的涟漪消失了，几分钟里，一切都保持着静止。潮水转向了，波纹再次出现，却是从根部的另一侧漾开，湿地再次开始排水了。随着潮水的退去，又一批可食用的小碎屑被留了下来，供螃蟹和弹涂鱼采食，一同留下的还有一层黏稠的泥浆，红树林的领土进一步向大海延伸。

虽然陆地在河口处向前推进，但在海岸的其他地方却在后退。在没有沉积物缓冲的海岸，尤其是那些从陆地上伸出来的悬崖峭壁，滚滚海浪会不断地冲刷岩石。尤其是风暴期间，惊涛拍岸，骇浪裹挟着石块和沙子砸向山崖。这样的轮番轰炸反复作用于悬崖的脆弱地带——岩壁表面延展的断层上，这样的岩层比其他岩层略软，因而也被更快、更深地侵蚀，形成了裂缝和洞穴。随着陆地被侵蚀，部分地方被孤立出来，成为石垛和石塔。最大的石块会撞击悬崖底部，产生的破坏力最大，一点点把下方掏空。最终，整个崖面塌了下来。在一段时间内，大量滚落的岩石能对悬崖底部形成保护，但大海会捡起这些碎石，推着较大的那些来回滚动，把较小的压碎，研磨成越来越小的碎块。随着时间的推移，碎块已经小到可以被沿着海岸横流的海浪全部聚集起来，洗刷一空。悬崖底部再次暴露在攻击范围内，大海对陆地的蚕食也再度开始。

这个危险的拆迁区不仅有动物生活，实际上它们也造成了破坏。穿石贝是一种双壳类软体动物，形似一只细长的鸟蛤，生活在石灰岩、白垩岩和砂岩等较软的岩石上。它的两片外壳的连接处不像鸟蛤的铰合部那样呈尖尖的,而是由球窝和接头组成的圆钝的关节。这种生物会从壳的一端伸出一只肉质足,抓住岩石,将有尖锐小齿的贝壳边缘抵住岩石表面。通过两片外壳交替着凿石,借助关节打着旋儿,它慢慢地挖出了一条隧道。最终可能会挖掘出一条深30厘米的竖井,它置身于最里面,把两个相连的水管从外壳后方伸到隧道的入口。通过这个入口,它可以吸水和排水,也不怕滚石的冲击。有时穿石贝所居住的巨石上布满了洞,一旦崩裂了,穿石贝就必须在自己被落石砸碎之前另觅新址,开始又一轮的挖掘。

石蛏也会钻入石灰岩,但它不是机械地钻,而是用酸来溶解岩石。它的壳和其他软体动物的壳一样,由和石灰岩成分相同的碳酸钙等物质组成,如果没有一层粗硬的褐色外皮保护自己的壳,它也会被自己分泌的酸伤害。这层外皮赋予了它类似一颗枣的外观。[1]

生活的地方离低潮线越远,海洋生物所承受的压力就越大。这意味着在涨潮期间它离开水的时间更长,被太阳烤得过热的可能性更大,冲刷它的雨水量也会更大。根据危险系数,海岸带上划分出了一系列差异明显的区域,每个区域都被对某一些综合挑战适应得最好的生物所占领。岩石海岸因而呈现出显著的带状分层。

与泥土不同的是,岩石为植物的生长提供了坚实的地基。大多数岩石海岸都覆盖着生长物,这些生长物有时被随意地标记为海草,但更确切的说法是海藻。乍一看,海洋中没有哪种植物的复杂程度

1　石蛏英文俗称 date shell,直译为"枣贝"。——译者注

可以与陆地上的开花植物相比，这似乎很奇怪。其实陆地植物的大部分组织都是用于应对海洋中不存在的难题的，比如它必须积极收集生命所必需的水分，并分配到植株的各个部位。它必须让自己的树冠足够高，才能避免被竞争对手遮蔽，被剥夺所需的阳光。它必须有办法让雄性和雌性生殖细胞相遇，还要确保受精卵能扩散到新的地点。因此，陆地植物必须发育出根、茎、干、叶、花和种子。但在海洋中，所有这些问题都被海水解决了。海水为藻类提供了所需的支撑和水分，当生殖细胞被释放时，海水会完成运输，受精卵也会随海水扩散。由于藻类没有充满汁液的叶脉，因此水的盐度不会对其内部水分的保存产生任何影响。当然，海藻和除了真菌以外的其他植物一样，光线对它们来说不可或缺，而光线无法照亮深水。因此，一般海藻要么是漂浮在水中，要么是附着在浅海海底。

就在低潮线的下方生长着海带和昆布这样的带状植物，这些植物在某些区域生长得十分密集，在海面或水下的光线里摇曳着好几米长的叶子。爪子状的部位扣紧着岩石，但不像陆地植物的根那样具有吸收功能，只是起到锚的作用。在潮水极低的情况下，这些植物能够忍受短时间暴露在空气中，但在露出海面期间不会繁殖。在海岸的高处，海带等被岩藻所取代，岩藻是一种小型植物，叶片中带有气囊，潮汐到来时会把它们托举起来，让它们始终靠近水面和光线。更高的地方长着其他种类的岩藻。这里的水从来不会超过几英尺深，因此这些藻类生得很矮，也不需要气囊帮助它们浮起来。所有这些潮间带藻类的表面都有黏液，可以长时间保持湿润，防止它们被完全晒干。生活在最高处的海藻，80% 的时间都暴露在空气里。虽然生长在海岸的藻类多种多样，但海带占主导地位的地方居多，也赋予了每一层区域不同的特征。

一些海岸动物也以同样的方式分层生活在这些区域。最顶层的位置超出了最耐旱的岩藻的极限，甚至超出了潮汐的最高范围，海水只能以浪花的形式溅上来一点儿，这里生活着小巧的藤壶。它们紧紧钳在岩石上，迷你的外壳挤在一起，以非常有效的方式将它们需要的少量水分留在壳内。它们对食物的需求非常少，少到令人难以置信，仅从水雾里就能收集到足够的颗粒物维持生命。

往下一些，密集的贻贝在岩石上形成了一条深蓝色带子。它们无法像藤壶那样忍受长时间地暴露在空气中，这种能力的限度决定了它们的生存边界。它们生存的下限是由捕食它们的海星决定的。海星的进食方法简单、缓慢，但极具毁灭性。它会爬到贻贝上，用它的腕覆盖住贻贝，腕下面衬着的一排被称为管足的吸盘。慢慢地，海星将贻贝的两片外壳拉开，然后从身体的正中心将袋状的胃从口中推出来，胃壁吸在贻贝柔软的身体上，将其溶解吸收。海星在海潮最低点以下的海里大量生长，吃各种软体动物。因此很少有贻贝能在那里生存。海星虽然可以离开水存活一段时间，但不能在水外进食。因此，在比低潮线仅仅高出 1 英尺左右的地方，环境变得略有利于贻贝，于是贻贝主宰了低潮线以上几英尺宽的海岸。

贻贝用一排排黏糊糊的足丝附着在岩石上，但它们的附着力不是那么强，在海浪冲刷得非常剧烈的部分海岸，贻贝就抓不住了。

它们的位置可能会被鹅颈藤壶取代，那是一种豆子大小的生物，身披两片石灰质的壳，一根长而皱的柄部粗如手指，可以牢牢地吸在岩石上。

许多其他生物与藤壶和贻贝一起生活在潮间带，但优势略小。普通藤壶比生活在潮溅区的藤壶大，会把自己扣在贻贝的壳上。海蛞蝓是无壳软体动物，以藤壶为食。岩石之间的洞穴里，即使退潮也有水，一排排五彩的海葵挥动着触角。球海胆，浑身棘刺，仿佛一个针插，在岩石上缓慢移动，啃咬石头上结成薄壳状的藻类——从身体下方正中的口中伸出牙齿，就像带爪形齿的钻头一样。

虽然每个区域都有自己特定的动植物群落，看起来区别明显，彼此的边界也无比清晰明确，但这绝不是一成不变的。群体里面的生物个体随时准备抓住哪怕最微小的机会扩大它们的领土。一场大风暴可能会将一两只贻贝刮走，从而使原本连续铺陈的地毯上形成一个洞。随后的海浪可能又会撕下来一大片贝壳。漂流在海里的贻贝幼体和藤壶幼虫，一直在水里等待着，现在它们定居的机会来了。鹅颈藤壶也很可能在此前贻贝的地盘里成功设下自己的前哨。

在美国西北海岸，有一种海藻进化出了一种主动入侵贻贝床的方法。它有一个半米高的橡胶状茎，茎的末端是一个生长着光滑叶片的树冠，看起来像一棵小棕榈树。这种独特的树冠是一种可以攻击贻贝的装置。春天，幼株会用它的抓手故意抓住一只贻贝的壳。在夏季低潮时，海棕榈露出水面，随即产生孢子。孢子顺着它的叶子滴下来，直接滴到周围的贻贝上，并在它们之间栖息。秋季风暴来临时，可能会给贻贝带来小麻烦的波浪也会卷起海棕榈，从树冠之下把它撕裂。由于这种植物对贻贝的抓力比贻贝对岩石的抓力要强得多，所以贻贝会和海棕榈一同掉下去。附近贻贝床上的幼苗就会迅速扩散，定植于刚刚暴露出来的岩石上，发育成新一代的海棕榈。

岩石海岸上的生物个体预期寿命都不太长，因为永不停歇的波浪终会将岩石粉碎。沿岸流将这些碎块聚拢再卷走，不知疲倦地将它们分类成一堆堆大小相同的沙砾，冲刷到远离海岸的地方。当海流减弱时，这些沙砾又被弃置在岬角的背风处，或者分散开，平铺在海湾里。

比起其他陆地边缘的地区，沙质海岸能支持的生物量是最少的。在这里，每次潮汐的波浪都会将沙子搅起来，至少几厘米深，没有海藻可以定居。因此这里不可能有植食性的动物群落，也没有河流能每天两次带来可食用的沉积物。即使是海浪冲来的可食用小颗粒，也无法为大量的大型生物提供足够的营养。因为沙层的作用与污水处理厂的滤床一样，沙子能过滤含氧水，让细菌能在沙层以下一定的深度大量繁殖。这些细菌迅速分解并消耗了海水带来的 95% 的有机物。这样就没有蠕虫能够像在河口吃泥的同类那样靠吃沙子生存。沙质海岸居民要想在水中觅得食物，必须赶在沙子里的细菌前面。

沙塔蠕虫会将沙粒和贝壳碎片黏合在一起，形成一个管子，伸出沙子表面几厘米。管子的顶端附着流苏样的毛，捕捉水中的颗粒物，接着蠕虫会用触角撷取。刀蛏为了安全起见将自己埋在沙子里，只伸出两根管子到上面的清水中，通过这些管子将水流吸入两壳之间的过滤器中。假面蟹的生存方式与之很相似。由于没有软体动物的肉质水管，它会将两个触角扣在一起，制作一个临时吸管。有几种海胆也发展成了穴居者。它们的棘刺比岩石海岸的亲戚的刺短得多，用途是挖洞，能够以球窝关节为轴转动。这样一只海胆挖洞时就像一台不同凡响的微型脱粒机。一旦在沙子里定居，海胆就会用黏液涂抹周围的沙粒，形成一个小而坚固的房间。海胆和海星一样拥有管足，穴居海胆的两个管足大大地伸长了，可以通过沙子中的竖井向上探出。通过管足上覆盖的刚毛不停地拍打，让水通过竖井，这样住在洞里的海胆就可以采集溶解氧和食物颗粒，然后把废物排出。这些海胆过着深居简出的生活，很少有人能看到它们活着的样子。但在死去后，它们美丽的白化骨骼经常被冲到海滩上。挖洞较深的种类长有心形的骨骼，生活在浅表的则拥有圆而扁的骨骼，通常被称为"沙钱"。

对大多数海洋生物来说，海滩上食物最丰富的地方在高潮线附近——涌起的海浪在这里丢下了大量有机碎片，有从海岸岩石较多的地方撕下的岩藻和海带，还有被带到海岸的水母、死鱼尸体和软体动物的卵囊。物产因潮汐和季节而异。沙蚤是虾的近亲，能从潮湿的沙子中获得它们所需的全部水分，在一天的大部分时间里都躲在潮湿的海藻堆下面。当夜幕降临，空气转凉，它们就会倾巢而出，

1平方米内多达 25 000 只，把腐烂的海藻和腐肉啃噬一空。但它们是特例，这样的大餐对大多数生活在海滩上的海洋生物来说都是够不着的。

　　然而在非洲南部海岸生活着一种软体动物——犁蜗牛，它摸索出了一种最巧妙的方式，以最小的努力、冒最小的风险就能接近这种食物来源。它埋身于低潮线附近的沙子里，当潮水冲刷它的藏身之处，向岸边不断推进，犁蜗牛就从沙子中出来，把水吸入它的足中，足会胀大成一个类似犁头的结构。它对动物的作用与其说是犁，不如说是冲浪板。海浪在它身下滚滚而过，把犁蜗牛托上了海滩，推到与海浪丢弃大多数海洋废物相同的高度。犁蜗牛对水中腐烂的味道极为敏感，一旦检测到这种味道，它就会缩回自己的冲浪板，穿过被海浪冲刷过的沙子，爬到味道的源头。一只搁浅的水母几分钟内就会吸引几十只犁蜗牛。在潮汐达到最高点之前、猎物仍然浸泡在水里时，它们会立即开始进食。去到海浪能到达的最高处是很危险的，只要花一点时间进食，可能就会错过从海滩返回的机会，搁浅在沙滩上。随着潮水的爬升，它们会放弃进食，钻进沙子里。海水退潮它们才会出现，并且再度亮出肉质冲浪板，让海浪把它们带回更深的水域，埋头于沙子下面，等待下一次潮汐。

　　很少有海洋生物能冒险越过高潮线并存活下来，只有海龟的祖先敢于让后代冒这样的风险。它们是呼吸空气的陆龟的后代，几千

年下来已经成为优秀的游泳运动员，能够在水面下长时间潜水，无须换气，借助已经特化的长而宽的鳍状肢，游泳速度非常快。但它们的卵和所有爬行动物的卵一样，只能在空气中发育和孵化。发育中的海龟胚胎需要气态氧来呼吸，没有气态氧就会窒息死亡。因此，成年雌海龟每年在海中完成交配后都必须离开安全的广阔大洋，前往无水的陆地。

雷德利海龟是最小的海龟之一，平均体长约 60 厘米，繁殖时期会集结成庞大的海龟群，这无疑是动物界最令人惊叹的景观之一。在墨西哥和哥斯达黎加的一两个偏远海滩上，8 月至 11 月之间的夜晚——科学家们迄今无法准确预测日期，数十万只海龟会浮出海面，向海滩进发。它们有陆地祖先留传下来的肺和防水的皮肤，因此不会有窒息或脱水的危险。只有四肢不太适合在水外行动，但没有什么能阻止它们。海龟费力地着向上爬，直到到达海滩的最上缘，也就是永久性植被线的下缘，在那里它们开始挖掘巢洞。海滩上挤得满满的，为了找到一个合适的地点，海龟彼此寸土不让。挖洞的时候，鳍状肢前后翻飞，不仅把沙子甩到别的海龟身上，还会把邻居的壳拍得啪啪作响。终于挖好洞以后，海龟会在里面生下大约 100 个蛋，小心地覆盖好，然后返回大海。这一过程会持续三四个晚上，其间可能有超过 100 000 只雷德利海龟造访同一片海滩。蛋需要 48 天才能孵化，但通常在孵化之前会有第二批海龟造访。又一次，海滩上遍地都是爬行动物。新来者在挖洞的过程中，会无意中挖到或者损坏前一批海龟所产的卵，海滩到处都是羊皮纸一样的卵膜和腐烂的胚胎。在海滩上产下的卵中，只有不到五百分之一能坚持到孵出幼龟。

这种大规模繁殖的原因仍然没有被完全破解。也许雷德利海龟会一起来到这一两片海滩仅仅是因为洋流碰巧把它们送到了那个方向。对它们来说，数千只一起同时产卵可能也是有利的，因为如果在一年中规律性筑巢产卵，海滩会吸引大量食肉动物一直守候，如螃蟹、蛇、鬣蜥和秃鹫。但实际情况是那里一年中的大部分时间都没有什么可吃的。所以当海龟到达时，海滩上基本没有食肉动物。如果是这些原因导致海龟形成了这种习惯，那么它颇为有效，因为雷德利海龟在太平洋和大西洋是最常见的，其他许多海龟的数量都已下降，有些甚至面临灭绝的危险。

最大的海龟是棱皮龟。它能长到 2 米以上，重达 600 千克。与其他海龟的不同之处在于，它没有角质的外壳，而是长着棱角分明的皮质外壳，与橡胶非常接近。它是一种隐居的远洋生物。棱皮龟个体可能出没在热带海洋的任何地方，也曾在南至阿根廷、北至挪威的不同地点被发现。直到 25 年前都没有人知道哪片海滩是这个物种的主要产卵地。后来人们找到了两处，一处位于马来西亚东海岸，另一处位于南美洲苏里南。这两处都会有几十只棱皮龟造访，一个产卵季前后持续约 3 个月。

雌龟通常在月亮升起、潮水高涨的夜晚来到海滩。它们破浪而来，海水里冒出一个个黑乎乎的龟背，在月光下闪闪发光。它用巨大的四肢拍打着水面，让自己从水里浮起来，爬到潮湿的沙滩上。

每隔几分钟就得停下来休息。雌龟可能需要半个小时或更长的时间才能爬到它想到达的高度，巢穴必须高于海浪能够着的范围，同时沙子必须足够潮湿，巢穴才能保持坚固，不会在挖掘时塌陷下去。在最后找到合适的地方之前，它可能会进行好几次尝试性挖掘。然后，雌龟坚定地用前肢清理出一个大坑，把沙子往身后扫，飞出去的沙子扑簌如雨。几分钟后，大坑已经足够深，它随后会用粗壮的后肢完成最精细的动作：在坑底挖出一条狭窄的沟槽。

棱皮龟几乎听不到空气中的声音，你说话也不会打扰到它。以前，如果有人在雌龟爬上海滩时用手电筒照它，它很可能会转身返回大海，放弃产卵。但现在，明亮的灯光也不会阻碍它继续产卵。它会迅速产下一大批卵，后肢紧扣在产卵器的两侧，引导卵向下。趴下后，雌龟会重重地呼气，呻吟着。黏液从它明亮的大眼睛里流出来。在不到半小时的时间里，它已经完成产卵过程，随后小心地填满了坑，用后肢将沙子压实。雌龟很少直接回到大海，而是一般会挪到海滩上的其他地方，杂乱无章地挖掘更多的坑，似乎是为了起到迷惑作用。就这样，当它返回海浪中间的时候，海滩的表面已经被翻搅得让人猜不出卵究竟在哪里。

不过，在一旁窥伺的人类并不需要猜测。在马来西亚和苏里南，人们在海龟产卵季整夜整夜地巡逻海滩，收集海龟的卵，很多时候甚至在雌龟填满产卵坑之前就把卵拿走了。有一些卵现在被当地政府机构购买，在人工孵化器中进行孵化，但余下的几乎都在当地市场上出售，然后被吃掉。

也许我们还没有发现棱皮龟所有的繁殖地。也许一些海龟在大海中漫游了很远，找到了远离人类出没之地的荒岛，在那里它们可以无忧无虑地完成繁殖大业。它们并不是唯一进行远洋航行的生物。海岸生物在成年期虽然只能在浅海活动，但在生命的早期阶段，它们可以扩散到非常广阔的海域，以种子或幼虫、卵或鱼苗的方式在海上沉浮。对于所有这些生物来说，一个岛屿可能和它们出发的海岸大有不同：不再是另一个生物稠密、竞争激烈的家园，而是一个避难所。在那里，它们可以恣意地发展出全新的形态。

第十章

遗世孤岛

WORLDS APART

如果你想找到最孤独的岛屿，远离航路，与世隔绝，你最好的选择是阿尔达布拉群岛。它位于印度洋，在非洲以东、马达加斯加岛以北大约 400 千米处。要到达那里，你的航行技术必须非常好，因为阿尔达布拉群岛只有 30 千米长，最高点的海拔也只有 25 米，所以在非常靠近之前你是看不到它的。事实上，你用眼睛定位这座岛的最好方式不是寻找陆地本身，而是观察云层的下面，寻找植被和浅潟湖的绿色海水反射出的淡绿色光线。如果你从非洲这边过来，错过了它，你可能会在继续航行几天后看见塞舌尔南部某地。如果你又一次错过了，继续沿着同样的路线走下去，在到达 6 000 千米外的澳大利亚之前，目力所及处便不会再有别的陆地。

　　阿尔达布拉群岛是一个环礁，一个盖在从 4 000 米以下的海底陡直升起的海底火山头顶的珊瑚帽。从地貌上来讲，它是一个由 20 个小岛组成的环礁，围着中间巨大的潟湖，小岛之间被狭窄的水道隔开。这些小岛的表面是珊瑚岩，在雨水的化学作用下被侵蚀成了蜂窝状，锯齿状的薄片之间沟壑纵横。在这片石灰岩中沉积着很多层的碎砂土，观察这些结构，我们就能知道随着海平面或洋底地形的升降，环礁曾经反复露出海面又没入水下。它最后一次冒出头来是在大约12万年前。随着珊瑚礁慢慢上升，海浪涌进珊瑚礁的频率越来越低，最终石灰岩排干了水，一座新的岛屿诞生了。当然，那时的岛上可能没有陆地居民，但随着数千年时光的流逝，许多种动植物次第通过海上和空中抵达这里，今天的阿尔达布拉群岛已然是一个庞大而多样的生物群落的家园。仅岛上的特有物种就已经发现了400多种。

海鸟蜂拥而至，这并不奇怪——即使是阿尔达布拉群岛这样偏远的岛屿，对这些颇有建树的空中旅行者来说，要到达也不成问题。在一年中的某些时期，环礁上方的天空中满是成群结队的红脚鲣鸟和军舰鸟。

这两种鸟依赖周围的海洋获取食物。红脚鲣鸟是鲣鸟属的一员，周围方圆数百千米都是它的觅食地。一旦发现鱼群，它们就会迅速跳入水中，潜入水面以下几米处捕捉猎物。军舰鸟是一种体形庞大的黑色鸟类，翼展达2米，尾巴呈很深的分叉状，捕鱼技术略有不同。它们在接近海面的地方高速掠过水面，点点头，长长的钩状喙从水中灵巧地拎出一只鱿鱼或飞鱼。它们也会在岛上翱翔，等待返回的红脚鲣鸟。红脚鲣鸟带着满满的渔获回来时，军舰鸟会咬住它不放，红脚鲣鸟经常只好被迫吐出食物，军舰鸟会在鱼落水之前俯冲过去抢着吃掉。

大部分时间里，红脚鲣鸟和军舰鸟都在空中飞行，很少降落到水面上。它们来到阿尔达布拉群岛是为了筑巢。没有猫，没有老鼠，也没有任何其他偷吃鸟蛋和小鸟的动物的岛屿并不多，阿尔达布拉群岛成了印度洋军舰鸟的繁殖总部。它们从大约 3 000 千米外的印度海岸飞来，在岛的东端低矮的红树林中筑巢。雄鸟会先安顿下来。它们端坐在树枝间，嘴巴下面鼓着大大的猩红色喉袋。这是对上空飞行的雌鸟加入它们筑巢的邀请。

尽管是军舰鸟海盗行径的受害者，红脚鲣鸟仍然会在它们旁边筑巢。岛上没有其他的掠食动物，这些鸟不需要隐藏它们的巢穴，或者把巢筑在掠食者无法靠近的地方。红树林中布满了鸟巢，通常彼此之间近在咫尺，一只筑巢的鸟要想从邻居那里偷拆树枝，甚至不用离开自己的家。

除了红树林树木，这里还有许多其他植物。环绕着海滩生长的是椰子树，低矮的带刺灌木努力地在珊瑚灰岩的裂缝中扎根，被海风吹到岛上的沙子覆盖的地方长着浅浅的草地。这些植物是怎么到达这里的？有一些种子肯定是通过空运，粘在鸟的喙、脚或羽毛上到达。有些甚至可能是在鸟肚子里旅行，然后和鸟粪一起被喷到了岸上。比较小的种子可能是撑着自己的小降落伞，被风暴从对面的大陆刮过来的。其余的大部分通过海路抵达。沿着海滩的高潮线漫步，你可以在几米内捡到半打被海浪扔下的不同的种子。其中有一些可能已经死了，但仍有许多是活的，少数可能已经发出了根和芽。

椰子树是其中很常见的一种。事实上，椰子树是环球旅行最成功的实践者之一。它自然生长在热带岛屿的海滩高潮线以上的狭窄地带，那里没有其他陆地树木的遮蔽，也没有被灌木丛挤满。它在海滩上倾斜着生长，因此它的硬壳果实掉落后会滚到海浪能到达的地方，浪头会带着它们离开海滩，进入大海。椰子漂浮在海上，厚厚的粗纤维外壳包裹着坚硬的果壳，内有丰厚的果肉。它们可以在海上存活长达 4 个月，在此期间可能会旅行数百千米，然后被抛到一个新的海滩上，比如尚未被植物占领的阿尔达布拉群岛。椰子极其成功地把自己扩散到了世界各地，人类在种植这种可以提供食物和饮料的宝贵树种方面也不遗余力，所以已经无法知道这个物种的起源地究竟是哪里了。

到达高潮线的漂浮物里还有浮木碎片、缠结的树根和各种植物的残余。尽管这些碎片本身没有生命，但它们可能通过携带动物乘客的方式给岛上带来生命。许多蜗牛、马陆、蜘蛛和其他小型无脊椎动物应该就是以这种方式到达阿尔达布拉群岛的。其实更大的动物也能以这种方式航行。有些爬行动物就是强悍的水手，可以长时间在海上航行。但是两栖动物没有爬行动物的防水皮肤，无法在海水的浸泡下生存。因此，阿尔达布拉群岛和几乎所有海洋岛屿一样，尽管有许多蜥蜴——要么在林间跳跃，要么在石头上晒太阳取暖，但你几乎听不到半咸水湿地中传来蛙鸣声。

来到岛上的动植物并不是代代保持了原来的样子。随着时间的推移，许多物种开始慢慢发生变化。这个过程与隔绝在湖泊中的鱼类种群产生新物种的过程是一样的。在复杂的繁殖过程中，遗传结构发生了微小的变化，这些变化在后代中产生了生理差异。与大陆上更大规模的种群不同，在小群体繁殖的过程中这种突变不会被稀释，突变更有可能在后代中长期保留。因此和大型湖泊中的物种一样，岛屿上的生物进化过程尤其迅速。

这些变化有时微乎其微。阿尔达布拉群岛最漂亮的开花植物是浆果芦荟属的一种，它会从多刺又多汁的叶簇中心抽出高高的橙色穗状花朵，和生长在几百千米外的塞舌尔的浆果芦荟属植物的花朵相比，只在颜色上略有不同。同样地，阿尔达布拉群岛唯一的本地猛禽，一种美丽的小红隼，只有下腹部比生活在马达加斯加岛的表亲稍微红一些。但这种差异是显著且稳定的，能充分证明把这种鸟归类为单独亚种的合理性。

不过，也有发生了更大变化的岛上居民。例如在灌木丛中飞奔而过的小秧鸡，它的好奇心强得不得了，你只要用鹅卵石敲击另一块石头，就能把它召唤过来。秧鸡是一种长腿的小型鸟类，是黑水鸡和白骨顶的近亲，阿尔达布拉秧鸡和生活在非洲大陆的亲戚长得没什么不一样，也有相同的体格和相同的习惯。但两者之间有一个重要区别：阿尔达布拉秧鸡不会飞。

在非洲，秧鸡得依靠飞行能力来逃脱许多不同掠食动物的追捕，否则就会遭殃。在阿尔达布拉群岛没有这样的危险，所以丧失飞行能力并不算一种残疾，反而还带来了优势。飞行的要求是很高的。有效地扇动翅膀所需的肌肉和骨骼约占普通鸟类体重的 20%，而发育这些身体组织需要大量营养。鸟类每一次升空都会消耗大量能量，因此，除非有真正的需要，否则鸟是不飞的，这并不奇怪。阿尔达布拉秧鸡就没有这样的需要。飞行其实可能会给它带来危险，因为岛上大部分时间都强风肆虐，鸟很容易就会被吹到很远的海上，很难再返回。所以它们的翅膀长得很小，肌肉也很弱，几乎从不活动翅膀。

在秧鸡科鸟类中，并不是只有阿尔达布拉秧鸡对地理隔离做出了这种响应。在特里斯坦－达库尼亚群岛、阿森松岛、高夫岛和一些太平洋岛屿上生活的秧鸡要么不能飞，要么只能在空中扑腾几下。在西太平洋的新喀里多尼亚有一种鸟，与鹤是近亲，也丧失了飞行能力。这种美丽稀奇的鸟叫鹭鹤，有着灿烂的头部羽毛和令人叹为观止的求偶舞蹈。在求偶过程中，它会骄傲地向配偶展示自己百无一用的翅膀。在科隆群岛，鸬鹚也遵循了同样的进化路径，发育不良的翅膀上长着稀稀拉拉的羽毛，无论它用多大的力气拍打也没办法飞到空中。

在所有不会飞的岛屿生物中，最著名的可能是曾经生活在毛里求斯岛（阿尔达布拉群岛在印度洋上的遥远邻居）的一种鸟。这种鸟最初只有鸽子大小，自从开始在地上觅食，体形便逐渐长到了和高大的火鸡差不多大小。它的羽毛变得蓬松而柔软，翅膀只剩下了一个样子。它的尾巴曾经是一个可以在空气动力学上发挥作用的扇形，现在成了一团装饰性的卷曲绒毛。葡萄牙人称它渡渡鸟，意为"头脑简单"，因为它对什么都不生疑，在它脑袋上拍上一记就可以杀死一只，易如反掌。各族水手大量杀死渡渡鸟当作食物。被引进岛上的猪也吃它的鸟蛋。最后一只渡渡鸟在 17 世纪末被杀死，距离第一批旅行者发现它们还不到 200 年。

还有两种不会飞的鸽子生活在附近的岛屿上，一种在留尼汪岛，另一种在罗德里格斯岛。它们显然是不同的物种，但欧洲海员把它们都称作孤鸽，因为它们都是在森林中被单独发现的。它们的体形与渡渡鸟差不多大，但脖子更长，据说它们的步态比渡渡鸟走起来步履蹒跚的样子要庄严许多。孤鸽灭绝于 18 世纪末。

在留尼汪岛、罗德里格斯岛以及毛里求斯岛，与渡渡鸟和另两种孤鸽一起觅食的是巨大的陆龟。它们能长到 1 米多长，重 200 千克。科摩罗群岛和马达加斯加岛也有分布。对水手来说，巨龟比渡渡鸟更有价值，因为它们可以在船舱中存活数周，即使是在热带地区也可以，是一个新鲜的肉食来源。因此，巨龟与渡渡鸟和其他孤鸽一样被大肆捕杀。到 19 世纪末，除了阿尔达布拉群岛上的那些，印度洋上所有的巨龟都被消灭了。阿尔达布拉群岛实在太偏僻了，远离主要航线，所以这样自带包装的新鲜肉类也没能吸引多少船长偏离既定的航路去找寻。今天，仍有约 10 万只巨龟生活在该岛上。

毫无疑问，巨龟和它们已经在其他岛屿上灭绝的近亲一样，也是生活在非洲大陆正常大小的陆龟的后代。其中一些可能是在数千年前乘着大片漂浮植物，穿过海峡到达了马达加斯加岛。也有可能是先发育出巨大的体形，然后仅仅依靠自身浮力扩散到了其他岛屿。航行也许始于一只在滨海红树林中觅食的巨龟，被潮水意外地带进了海里。人们曾在离陆地数英里远的海里发现巨龟，它们可以在海上存活很多天。有一股洋流从马达加斯加岛流向阿尔达布拉群岛，一只巨龟在洋流的帮助下大约 10 天就可以到达岛上。

众所周知，岛屿动物的进化趋势是随着时间推移越长越小，例如在马耳他岛发现的史前时期的倭河马。巨龟看起来是一个反例。其实，有化石显示比我们今天看到的还要大的巨龟曾经有广泛的分布。我们在岛上看到的巨龟就是那些幸存下来的后代。

除了体形变大以外，岛上的龟还发生了其他变化。许多这样的岛屿上的草地并不茂盛，阿尔达布拉群岛上的草更加稀少。因此巨龟的饮食范围扩大到了几乎所有可以食用的东西。如果在岛上扎营，你很快就能发现这一点。这些动物不仅会在你进餐的时候有所期待地坐在你身边，而且会缓慢笨重地拆掉你的帐篷，就为了找一口吃的东西。你留在帐篷里面的衣服可能也会被试啃几口。更残酷的是，它们也变成了同类相食的动物。一只巨龟死亡后，你会看到这些通常吃素的生物在它的尸体上艰难地吞咽腐烂的内脏。

它们身体的相对比例也发生了变化。巨大的壳没有它们非洲的亲缘种那么厚、那么坚固，支撑甲壳的内部骨骼也没有那么结实。稍有不慎，它们的外壳甚至很容易塌陷。这层壳也不像大陆上的乌龟的壳那样是一个有用的避难所。壳前方的开口变宽了，身体伸出来的部分也更多。这让巨龟觅食时有了更大的活动自由，但也意味着它无法将四肢和颈部完全缩回壳中。如果它现在被运回非洲，很有可能会被鬣狗或胡狼的尖牙咬住脖子而命丧黄泉。

世界上的其他孤岛上的陆龟也经历了类似的变化。科隆群岛也有一些同样大的巨龟。然而与它们亲缘关系最近的不是印度洋上的巨龟，而是生活在南美洲的乌龟，体形要比它们小很多。

陆龟并不是唯一进化出巨大体形的岛屿爬行动物，印度尼西亚群岛的一种蜥蜴的进化方式也是如此，它的主要家园是科莫多岛，一个位于印度尼西亚岛链中心的小岛，只有30千米长。这种蜥蜴俗称"科莫多龙"，实际上是一种巨蜥。这种巨蜥与澳大利亚巨蜥和水巨蜥亲缘关系密切，水巨蜥在从马来西亚到非洲这个地域范围内的许多热带国家都很常见。不同的是科莫多龙能长到3米长，比其他蜥蜴都长得多。它的体量也更大，其他巨蜥身长的大约三分之二是尾巴，但科莫多龙的尾巴仅占身长一半左右。因此，一条半大的科莫多龙也比同等长度的其他种类巨蜥看起来更大、更可怕。

科莫多龙是食肉动物。还不到一米长的时候，它就会捕食昆虫和小蜥蜴，在树上爬来爬去，寻觅这些小型猎物。半大的科莫多龙几乎完全在地面上狩猎，追逐老鼠和鸟类。完全成年后，它主要吃岛上自有的猪和鹿，也会吃人类引入的山羊。虽然吃的绝大部分都是腐肉，但科莫多龙是一个主动的猎手。它会跟踪怀孕的山羊，新生羊羔一落地它就抓走吃掉。它还会躲在山羊、猪和鹿常走的兽道边上，埋伏在灌丛里袭击成年个体。如果有动物经过，科莫多龙会张嘴咬住它的腿，一番搏斗之后把猎物摔在地上。随后科莫多龙会在受伤的猎物能站起来之前撕开它的腹部，猎物很快就一命呜呼。

在龙岛上流传着科莫多龙袭击人类的故事。过去似乎的确有过一两例人类遭遇科莫多龙被严重咬伤后死去的记录。毫无疑问，如果有人在高温炙烤之下晕倒在地，科莫多龙会像对待其他动物尸体一样对待他，但它们通常似乎并不把人类视作猎物。如果你坐在灌木丛里看着科莫多龙，你不会觉得自己是它们的狩猎对象。科莫多龙八成会一动不动地伏在那里，如果你看着它，它很可能也会盯着你、眨眼、偶尔呼口气或者轻吐它黄色分叉的舌头——用于辨别空气中的气味，除此之外别无其他动作，就像一尊雕像。即使它站起来，看似向你冲了过来，最后可能也只是踏着重重的步子从你身边路过。

然而，如果你看到了科莫多龙聚集在尸体周围时的场面，你就知道它们潜在的凶猛和展露无遗的力量。大一些的科莫多龙能够用嘴叼起和拖走整只山羊的尸体。如果有两个大家伙，它们会各自紧咬食物的一部分，头和肩膀猛力向后抽动，把食物撕成两半。如果有年轻的科莫多龙鲁莽地与长者争抢食物，成年科莫多龙会朝它们撞过去，把它们赶走。这可不是虚假攻击。粪便分析表明成年科莫多龙经常吃体形更小的同族。它们是同类相食的物种。

这种蜥蜴的饮食可能是它们长得如此巨大的原因之一。这里没有其他大型食肉动物，也没有其他掠食动物捕食灌木丛中吃草的鹿和猪。科莫多龙的祖先似乎是以腐肉、昆虫和小型哺乳动物为食的，就像其他地方的小型巨蜥和科莫多龙幼蜥一样。但逐渐有一些个体发育得足够大，足够强壮，完全可以对付活着的食草动物，一个此前未被开发的肉类来源从此打开了。最后，这种特征在整个种群中变得越来越普遍，科莫多龙就这样进化成了世界上最大的蜥蜴。

如今，科莫多龙不仅生活在科莫多岛上，邻近的巴达尔岛、林恰岛，以及更大的弗洛勒斯岛的西端也有。科莫多龙的运动能力很强，人们经常可以看到游泳的巨蜥穿过狭窄的海峡，到科莫多岛附近的小海岛上去觅食。我们无法确定它们是否就是以这种方式在岛屿之间扩散的。也有可能是在距今较近的地质时期内，这片火山形成的陆地下沉，于是蜥蜴最初栖息的大岛被海水分隔成了我们今天看到的多个较小的岛屿。

大多数岛屿物种仍然留在它们进化的岛屿上，不少都成了传奇故事的主角，被个别造访过它们荒僻的家园的旅行者反复讲述。科莫多龙这一俗名就起源于这种浪漫的夸张叙述，世人第一次听说它的存在是在 20 世纪初，在流行的故事中，这种怪兽被说成身长 7 米，是它实际大小的 2 倍还多。

500 年前，一种生长在岛上的植物衍生出了更奇妙的故事。当时——现在也如此——有一种巨大的坚果，就像两个连在一起的大椰子，偶尔会被冲上印度洋海岸，通常大大的船形外壳都很完整。阿拉伯人发现了这种坚果，把它们视为珍宝。印度人和东南亚人也是一样。但没有人知道是什么树结出了这样的果子。坚果本身既不

生根，也不发芽，无法提供答案，因为这些飘来的种子无一例外都已失去了活性。当时最普遍的看法是结出这种果实的树生长在海底，因此这种坚果被称为海椰子。

在富有想象力的人眼中，这种中央开裂的坚果很像女性的骨盆。它被广泛认为有某种程度上的壮阳功效。据说用海椰子坚硬的果核制成的饮料是让人无法抵挡的迷情剂。外壳的作用同样神奇，用它们制成的杯子可以让最强大的毒药完全失效。因此，海椰子果实变得价值连城，被人描银镶金、精雕细刻，不仅在整个东方世界如此，甚至到了欧洲的皇宫里也是一样。

直到进入 18 世纪末，人们才找到了结出这种果实的树。它生长在塞舌尔的普拉兰岛和屈里厄斯岛。树本身和它们的果实一样壮观。普拉兰岛有茂密的海椰子树林。其中许多大树已经生长了好几个世纪，树干笔直光滑，没有树枝，高可达 30 米。叶片巨大，是打褶的扇形，宽 6 米。雌花与雄花分别生长在不同的植株上。雌株比雄株更高，树冠上挂着一簇簇巨大的坚果，需要 7 年的时间才能成熟。相对较矮的雄株上开着长长的巧克力棕色穗状花序。几乎每一个花穗上都趴着一种如同宝石般精美的蜥蜴，明亮翠绿的皮肤上面点缀着细巧的淡红色斑点，也是岛上特有的物种。它的家族——日行守宫——起源于马达加斯加岛，但与其他塞舌尔岛屿一样，普拉兰岛有自己的日行守宫种，色彩和别处的都不相同。

海椰子果实是所有植物种子里最大的。与成熟时中空的普通椰子不同，海椰子里面装满了硬质的果肉，因此非常沉，不会像普通椰子一样漂在海里。的确，是含盐的海水让种子失去了活性。因此，这种岛上植物并不是被困在了这些岛屿上，而是在这些岛屿上进化出来的。又或者这些岛屿原本是面积更大的陆地，现在已经大半没入海中，这些小岛只是为数不多幸运的遗存。

到目前为止，我们谈到的岛屿都相对较小。岛上种群的进化过程都是线性的，最后只产生一个新的物种。因此科莫多岛上只有一种巨蜥，阿尔达布拉群岛上只有一种巨龟，毛里求斯岛上只有一种渡渡鸟。但是如果岛屿很大，里面有各种不同的生境，或者如果在一群各具特点的小岛上，那么一个外来生物就有可能演化出多种新的形式，而不仅仅是一种。

这种现象最著名的例子就是达尔文观察过的鸟类——科隆群岛的雀鸟。人们推测，数千年前曾有一群雀鸟遭遇了一场特大风暴，从南美洲海岸被刮到了太平洋上。这种情况在那之前和之后都发生过多次，但这一次，这群特别幸运的鸟最后在距离大陆约 1 000 千米的火山岛上找到了避难所。岛屿上应该已经有植物和昆虫定居，有足够的食物提供给流浪来的雀鸟，于是它们一直住在这里。然而科隆群岛的岛屿各有千秋。有些非常干燥，几乎只有仙人掌生长。有些岛屿水源相对充足，有绿草如茵、灌木丛生的平原。有些岛地势很低，而另一些岛上有高达 1 500 米的火山，山谷里雨水充沛，生长着蕨类和兰科植物。因此，摆在雀鸟面前的生境是多样的，并且都没有被别的鸟类占领。这里没有在树皮上挖蛴螬的啄木鸟，没有捕捉昆虫的莺，也没有啄食水果的鸽子。随着时间的推移，不同种群的雀鸟发展出了在特定栖息地采集食物的专长，靠的是调整它们采集食物的工具——喙。

如今，一个岛屿上就有 10 余种不同的雀科鸟类。大小、体形和羽毛颜色都差不多，只有在喙和行为上表现出了明显的差异。其中一种的进食方式以碾碎叶芽和果实为主，和欧洲红腹灰雀差不多，它的喙长得又粗又长。另一种以小型昆虫和幼虫为食，有一个细长的喙，这种鸟能用喙细致而准确地啄食，就像使用镊子一样。第三种，中等重量，有和麻雀一样的喙，以种子为食。还有一种，似乎不太有耐心，不想等待进化在漫长的时间里改造它的生理结构，因此自行改变了行为，开始使用工具。这种雀鸟会小心地从仙人掌上取下一根刺，然后用它从腐木的洞里挖甲虫幼虫，就像人用签子从螺壳中取出螺肉一样。

最近，有些雀鸟把这种在一切可能的地方搜索食物的聪明才智用在了邪路上。文曼岛（沃尔夫岛）是科隆群岛中最小、最偏远的小岛之一。此前人们就知道生活在那里的一种雀鸟经常从鲣鸟的羽毛中找虱子吃。然而，现在有人观察到这种雀鸟会停在一只蹲坐着的鲣鸟旁边，猛啄鲣鸟身上一根大的飞羽的羽毛管，直到鲜血从羽毛间渗出来。奇怪的是鲣鸟看起来满不在乎，哪怕雀嘴上浸透了它的鲜血，它居然也允许雀鸟继续在身上啄食。与世隔绝让这种雀鸟变成了吸血鬼。

在夏威夷群岛上，这一进化过程走得更远。夏威夷群岛远离大陆，离加利福尼亚海岸大约 3 000 千米远，比科隆群岛与陆地间的距离还要远得多。这些岛屿更大，环境更加多样化，形成的地质年代更为久远，因此那里的动物居民到达的时间也要早得多。

这里最典型的鸟类群体是蜜旋木雀。根据它们之间的个体相似度，我们可以合理地推断出它们来自同一祖先群体，但它们现在已经变化了太多，以至于研究者很难确切地判断其祖先的身份。可能是雀鸟科，也可能是唐纳雀科。蜜旋木雀有许多种，和加拉帕戈斯地雀一样，不仅喙形有多种形态，颜色也不尽相同。有些是猩红色，有些是绿色、黄色或黑色。至于喙形，有些像鹦鹉的喙，可以用来敲开种子；有些长而弯曲，能够让它们的主人探入漂亮的夏威夷花朵吮食花蜜。一种以昆虫为食的蜜旋木雀的上下喙长度不同，喙的上部弯曲，用来做探针，而喙的下部短而直，状如匕首，用来雕木头。人类第一次到达这片群岛的时候，岛上至少有 22 种不同的蜜旋木雀。不幸的是它们中大约一半现在已经灭绝。

除了蜜旋木雀外，夏威夷群岛的鸟类一共只有 5 个科。相较而言，生活在英国的鸟类要多得多，覆盖 50 多个科。原因不仅在于夏威夷群岛处于一种相对孤立的状态，蜜旋木雀也有功劳——它们是第一批在岛上定居的鸟类，当其他潜在的鸟类定居者到达时蜜旋木雀已经占地为王，基本无处落脚。大多数生态位都被不同种类的蜜旋木雀占据了。

　　夏威夷群岛和科隆群岛都是火山岛。从海上升起的全新岛屿给第一批通过海路和航空抵达的生物提供了一片处女地。阿尔达布拉群岛也是一样。岛屿也有其他的形成方式。有些是大陆的一部分，陆地沉入海底时，只剩山顶作为岛屿露在海面上。也有一些是因为海底板块移动，将一片陆地从原有大陆上撕了下来。这样的岛屿通常会像方舟一样，满载着非自愿乘客远离了大陆，从此与外界隔绝。于是，它们不仅孕育了新物种，也是古代物种的避难所。

　　有一次大陆层面的变迁发生在大约 1 亿年前，冈瓦纳古大陆分裂成了南美洲、南极洲和澳大拉西亚[1]。当时，两栖动物和爬行动物在那里广泛分布，鸟类种群也已经建立。新西兰的漂移发生在这次分裂的早期，生活在那里的这些动物族群的个体也跟着漂走了。随后，有袋类哺乳动物从南美洲经由南极洲进入澳大利亚，改变了那里动物群落的整体平衡。但它们无法到达新西兰，因此两栖动物、爬行动物和鸟类主宰了新西兰的生态系统，有些早期物种在这里存活的时间比在其他任何地方都要长。

　　如果仔细寻找，凉爽潮湿的森林里能看到三种小青蛙，也能找到蜥蜴——包括石龙子和壁虎，都十分常见。有一种爬行动物尤为有趣，那就是鳄蜥。从表面上看它就是一只重型蜥蜴，只有从骨架

1　澳大拉西亚狭义上是指澳大利亚、新西兰及附近南太平洋诸岛，广义上还包括太平洋岛屿，范围与大洋洲相同。——译者注

上观察，才能发现它真正的特点。它的头骨表明这种只有约 1 英尺长、行动迟缓的小生物并不是现代蜥蜴的亲戚，而是与恐龙关系密切。它是现存最古老的爬行动物，人们在有 2 亿年历史的岩石中曾发现一种外观上几乎与之完全相同的生物的骨骼化石。然而，外表可能具有欺骗性，鳄蜥并不是"活化石"。它的确是古代血统的唯一后代，但它身上许多看起来像原始特征的地方实际上是近期适应的结果。

新西兰的森林由几种古老的树种组成，包括考里松、南方山毛榉和树蕨。里面生活着一种也许很久之前就已定居在此的生物——几维鸟。这种鸟和鸡差不多大小，腿有力，善挖掘，喙长，找蠕虫是一把好手。它的羽毛发育得几乎和毛发一样长，翅膀很小，收在羽毛外衣下面，几乎看不见。如今几维鸟有 5 个亚种，它们的祖先应该是飞到这些岛屿上来的。直到不久前，与几维鸟共同生活的还有一整个无翼鸟族群——恐鸟。从骨骼来看，我们可以分辨出十几个不同的物种。有些比较小，比几维鸟稍微大一点，是林地上吃草的类型，也有些长得很高。这些鸟都完全没有翅膀骨骼，连退化的骨骼也没有。最大的一种身高 3.5 米，是世界上存在过的鸟类中最高的。从肋骨骨骼内发现的成堆磨损的砂石来看，它们也是素食者，可能也吃树叶。由此判断，在没有其他食草哺乳动物的情况下，世界上其他地方被大型啮齿动物占据的生态位，包括鹿甚至长颈鹿的生态位，在这些岛屿上都曾被这些不会飞的鸟类占据。

世界上许多地方都有不会飞的鸟，如非洲的鸵鸟、南美的美洲鸵、澳大利亚的鸸鹋，以及马达加斯加岛已灭绝的象鸟——虽然没有最高的恐鸟那么高，但比所有恐鸟都要重。有可能早在冈瓦纳古大陆分裂之前，这些鸟类就已经失去了飞行能力。它们都是高大有力的鸟，哪怕在凶猛的掠食性哺乳动物面前也完全能够自保。如果事实如此，那么当新西兰与澳大利亚地块分离时，岛上就已经有恐鸟的祖先、鳄蜥和刚刚出现的青蛙了。

还有另一种目前流行的解释：有可能在新西兰分离时，恐鸟祖先仍然能够飞行，后来才成为地面生物，并在地理隔绝的状态下发育出了巨大的体形，就像渡渡鸟和其他孤鸽一样。还有许多其他鸟类通过航路抵达了新西兰。好些来自澳大利亚，常年吹拂的强劲东向信风帮助它们完成了旅程。现在也经常有来自澳大利亚的迷鸟出现在新西兰，如凤尾鹦鹉、鸬鹚和鸭子。数千年前登陆并定居的鸟类则以其独特的方式继续进化，和阿尔达布拉群岛、科隆群岛和夏威夷岛的鸟类一样。在新西兰，这一进程更长，岛上的鹪鹩、鹦鹉和鸭子因此与世界其他地方的亲缘种产生了明显差异。

新西兰有 50 种特有的陆地鸟类，其中有 14 种要么飞行能力较差，要么完全飞不起来。毫不意外，其中有一种是不会飞的秧鸡。威卡秧鸡和鸸鹋一般大，在森林中奔跑，以昆虫、蜗牛和蜥蜴为食。秧鸡家族的另一个成员巨水鸡，是一种失去了飞行能力且体形很大的骨顶鸡。它的体形和小火鸡差不多，有巨大的猩红色喙和明亮的蓝色羽毛。更为奇特的是新西兰的一种鹦鹉，也失去了飞行能力，它就是鸮鹦鹉，有时也被直接叫作猫头鹰鹦鹉，有着苔绿色的羽毛和一副庄重而迷人的表情。它在夜间出来活动，啄食蕨类植物的叶子、苔藓和浆果。虽然可以勉强拍着翅膀飞到几英尺高，也能沿着山坡向下滑翔，但它主要的活动方式是步行和攀爬，有在荒野植被中开辟出长长的小道的习惯。必要时它们会把小道打理得平整干净。鸮鹦鹉也会在岩石上或树下整理出好些小型的圆形剧场。繁殖季节里，它们会在自己的剧场里举行求爱仪式，吟唱着它们响亮又深长的歌。

它们身上展示出了地理隔离对新西兰动物的影响。许多动物进化成了独特的形态。许多祖先能够飞行的鸟类像鸮鹦鹉一样变成了地栖动物。还有许多像恐鸟和巨水鸡一样演化成了同类中的"巨人"。然而，不幸的是，新西兰也以一种最生动的方式展示了岛屿生物的另一个特征——脆弱性。它们很容易屈从于入侵者。

最致命的入侵者是人类。直到大约 1 000 年前，新西兰还不为人所知，也没有人踏足。最早到达新西兰的是波利尼西亚人，世界上最伟大的航海者之一。早在哥伦布横渡大西洋之前，波利尼西亚人就已经到访了太平洋各个分散的群岛。他们通过相对较短的航行开始了最初的移民，从亚洲大陆出发，从一个群岛到另一个群岛，最终抵达太平洋的中心地带。然后，以马克萨斯群岛为主要据点，他们在几个世纪中进行了一系列远航，北到夏威夷岛，西到塔希提岛，东到复活节岛，最后也是到达最远的是西南方 4 000 千米的新西兰。

这些并不是因为突然的暴风雨将船只吹离原定航线而偶然间发生的航行，而是经过了精心策划。他们使用的双体木船体积巨大，能够搭载数百名乘客。当他们踏上移民之旅时，船上既有男性也有女性，船舱中则装载着食用植物的根、家养动物以及建立一个新的自给自足社区所需要的所有物品。

对于波利尼西亚人来说，新西兰一定是一个让他们惊喜交集的重大发现。在那之前，他们定居的岛屿上都没有大型动物存在。他们只能依靠带来岛上的猪和鸡来获取肉类。但是新西兰有大量的巨型鸟类——恐鸟。从波利尼西亚移居于此的毛利人对恐鸟展开了积极有效的猎捕。他们不仅吃恐鸟的肉，还用它们的皮毛制作衣物，将蛋用作容器，骨头要么用来制作尖锐的武器和工具，要么用来制作饰品。人们在古代毛利村庄外的垃圾堆里发现了大量恐鸟的骨殖。这种狩猎活动大大减少了恐鸟的数量。同时，毛利人也砍伐了当时覆盖岛上大部分地区的森林。随着森林被砍伐和焚烧，恐鸟失去了觅食的地方，也失去了藏身之处。毛利人还带来了狗和波利尼西亚鼠——在毛利语中叫作"kiori"，它们必然也对本土鸟类造成了伤害，哪怕不吃成鸟，也会吃幼鸟和鸟蛋。在毛利人到来的几个世纪内，除了几维鸟之外，所有恐鸟家族的鸟类都灭绝了。恐鸟家族的鸟类也不是唯一受到冲击的鸟类种群。据推断，在人类到来之前在这些岛屿上生活着 300 种鸟类，其中有 45 种现在已经灭绝。

然后，欧洲人在 200 年前到达，造成了更大的破坏。他们用船带来了另一种老鼠。他们成片砍伐了更多的森林，将林地改造为草场，大量放牧绵羊。他们显然也对异域的岛屿生物没什么兴趣，因此引入了他们更熟悉的、喜爱已久的动物，以便怀念故土。新的动物群落由此形成。从英国带来的绿头鸭、云雀、乌鸫、秃鼻乌鸦、苍头燕雀、金翅雀和椋鸟，从澳大利亚带来的黑天鹅、笑翠鸟和鹦鹉。他们为了垂钓，在溪水里放流了鳟鱼；为了捕猎，在森林中放养了鹿。他们引入黄鼠狼来捕杀老鼠，带来了猫作为火炉边的宠物。没过多久，黄鼠狼和猫就离开了城镇和村庄，在乡下作为掠食动物开始了它们的独立生活。

面对这场大规模入侵，本地生物节节败退。最先遭殃的是那些不能飞的鸟。它们无法逃脱掠食性的猫和黄鼠狼的爪子，也已经失去了在树上筑巢的习惯——若非如此，它们的蛋和幼鸟可能不会受到老鼠的侵害。欧洲人到达时，巨水鸡已经濒临灭绝。欧洲人最初是通过对半化石骨骼进行科学鉴定发现了这个物种。19 世纪，人们曾发现过一两只活着的个体，1900 年前后这个物种被正式宣布灭绝。后来，奇迹般地，1948 年人们在南岛的一个偏远山谷中发现了一个小种群，400 只幸存的巨水鸡仍然生活在那里。虽然它们现在受到了严格保护，但这个物种的存续仍然堪忧。

不会飞的鸮鹦鹉的处境更加危险。它们不仅被猫和黄鼠狼捕杀，赖以生存的叶子和浆果也被鹿吃掉了，现存数量甚至比巨水鸡还要少。现在，人们在一个名叫小巴里尔岛的地方清除了曾经滋扰它们的野猫，把南岛上幸存下来的少量鸮鹦鹉集中安置在这个没有天敌的环境里。它们太需要这样一个地方了。

　　然而，不能飞行的鸟类并不是唯一受到影响的物种。许多飞行能力很好的鸟类同样数量锐减。岛上曾有三种垂耳鸦。它们和天堂鸟以及椋鸟拥有类似的特征，但差异也足够明显，可以归于一个独立的科。三种鸟都有沿着喙的下方生长的垂肉，颜色或黄或蓝。其中一种是北岛垂耳鸦，它们的喙能显示出性别差异。雄鸟的喙短，用于凿入树干寻找幼虫，雌鸟的喙长而弯曲，能够深深地探入幼虫的隧道。雌鸟和雄鸟似乎会默契配合着搜集食物。北岛垂耳鸦在 20 世纪初灭绝。另一种垂耳鸦是鞍背鸦，曾广泛分布，现在只在离岛上有非常稀少的个体存活。只有第三种垂耳鸦在大陆上还有种群存续，但仅限于北岛。也不仅仅是鸟类才是脆弱群体，现在只在一些离岛上才有鳄蜥生存。沙螽是一种体形巨大的不能飞的蝗虫，咬合力强大，具有非常有威胁性的攻击姿态，现在数量已经越来越稀少。曾经有大约 30 种本地鱼类，也被迫将它们生活的许多溪流和湖泊让给了鳟鱼和其他新引入的生物。

　　几乎世界上每种发展出独特群落的岛屿生物都遭遇了类似的命运。内在原因仍然有待探究，毫无疑问，不同的情况可能有不同的解释。你可能会认为，许多岛屿物种对特定的环境产生了高度适应，并且以高效的方式利用了这一环境，没有入侵者可以轻易取代。事实并非如此。几乎可以断定，正是由于这些岛屿物种受到地理隔离的保护，远离了国际化的庞大社区的喧嚣，它们才丢失了万物竞择的倾向，在新的竞争面前只得让位。一旦岛屿的保护屏障被打破，许多岛屿生物走向衰亡的命运就已注定。

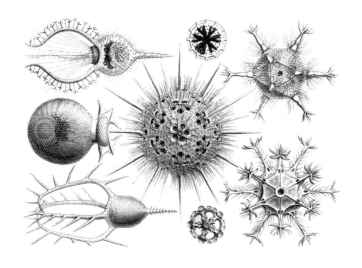

第十一章

汪洋大海

THE OPEN OCEAN

我们星球的表面大部分都被水覆盖。地球上的海洋浩瀚如斯，如果把世界上所有的山脉都被夷为平地，再把山体碎块倾倒在海里，那么整个地表都将没入数千米深的水下。大陆之间的洋盆在地形上比陆地表面更加多样。如果把陆地上最高的山峰珠穆朗玛峰放进海洋最深的马里亚纳海沟，它的峰顶离海沟顶部还有二十米远。另一方面，海底的大山也十分巍峨，伸出了海面形成了一群群岛屿。冒纳凯阿火山是夏威夷火山中最高的一座，如果从位于海底的火山底部开始测量，它的高度超过 10 000 米，可以说是地球上最高的山。

　　海洋形成于地球诞生后不久刚刚开始冷却的时期。水从何而来？是源于冰构成的小行星，还是由地球内部的氢作用而成，抑或是两者的结合，这仍然是一个有争议的问题。早期海洋里的水并不像雨水那样纯净，而是含有大量的氯、溴、碘、硼和氮，以及少量其他稀有物质。在那以后又有其他成分加入，大陆岩石的风化和侵蚀带来了盐，盐溶于水，被河流带入大海。就这样千万年过去，海水变得越来越咸。

大约 35 亿年前，化学成分丰富的海水中首次出现了生命。我们从化石中了解到最早的生物是简单的单细胞细菌，然后出现了可以进行光合作用的藻类。与它们高度相似的生物今天仍然生活在海洋里。藻类是所有海洋生物存在的基础。事实上，如果没有这些藻类，海洋今天依旧是死气沉沉，陆地上也不会有任何生命。海洋中最大的藻类直径约为 1 毫米，最小的约为 0.02 毫米。微小的身体包裹在精致的外壳中，一些是碳酸钙形成的，一些是玻璃状的二氧化硅，也有许多精致的形状，有尖头的和矛状的，有些有放射状的刺和精细的方格。有些像极小的贝壳，也一些像烧瓶、药盒或巴洛克式头盔。它们的数量庞大——1 立方米的海水中可能含有数千万个。它们不会在水中运动，而是随水漂流，因此被称为浮游植物，这是一个源自希腊语的词，直译即为游荡的植物。正是这些生物利用了太阳的能量，从海水中的简单化学物质中构建出生物组织的复杂分子。就这样，它们把矿物质变成了植物。

海里漂浮着的还有大量的小型动物——浮游动物。其中很大一部分是单细胞动物，就像漂浮的藻类一样，两者的主要区别在于浮游动物缺乏叶绿素，因此不能自行进行光合作用。那些进行光合作用的浮游植物是它们的食物。也有大一些的生物，种类不少——闪着磷光的透明蠕虫，1 米长的丝绳状小水母，在水中蠕动的扁虫，游动的螃蟹和大量的小虾。这些动物都是社区的常住居民。也有临时访客，如蟹、海星、蠕虫和软体动物的幼虫。它们与成年后的形态没有任何相似之处，只是一个微小的透明球体，上面长着一排随着波浪舞动的纤毛。这些生物都贪婪地吞食着漂浮的藻类，也会互相吞食，它们的集合被简称为浮游生物，就像一锅盛满活物的汤，是许多其他更大型生物的主要食物来源。

浅海中的浮游生物食客可以将自己附着在海底，依靠潮汐和洋流将食物带给它们。海葵和珊瑚虫用长着纤毛的触须摸索，藤壶伸出羽状的足抓取，巨大的蛤蜊和海鞘则通过让它们的身体吸饱水来滤食里面丰富的浮游生物。

然而在大洋的中间阳光照射不到海底，因此海底也超出了浮游生物的生存边界。以浮游生物为食的动物不能一直附着在海底，而是得游动起来。它们不需要游得很快。过快的速度可能是对能量的浪费，因为游动觅食的效率比不上使用一张大大的收集网。网前形成的压力脊可以使面前的水流发生偏转，提高了过滤的效率。尽管这些吃浮游生物的动物的行动并不快，但因为饮食营养丰富，它们可以长得非常大。

蝠鲼是一种菱形的大鱼，两个鳍尖之间可以宽达 6 米。它的头部两侧有一对鳍状的触须，可以将水导入巨大的矩形吻部。头两侧有梳子似的鳃裂，水能从这里流出来，浮游生物则被挡在里面。鳐鱼的远亲——姥鲨，也使用同样的装备采集同样的食物。它能够长得比蝠鲼更大，长 12 米，重 4 吨，1 小时可以处理 1 000 吨水。它的最高速度约为每小时 5 千米，实在太慢，以至于遇到它的人会以为它只是在阳光明媚的水域里懒洋洋地晒太阳，很难意识到它正在忙碌地采集食物。

姥鲨生活在相对较寒冷的海域。在温暖的海域中，它的同类体积更加庞大，比如体形最大的鱼类——鲸鲨。据说这种小山似的生物身长可以达到 18 米以上，体重至少为 40 吨。极少有人遇到过鲸鲨，它们总是静静地在远洋游弋，但它巨大的身形、迟缓的速度和温和无害的性格给所有有幸遇到它的人都留下了深刻的印象。偶尔会有一只鲸鲨被船撞到，被海水的阻力贴在了船头，直到船停下来，它巨大、残损的身体才会慢慢脱离船体，沉入海洋深处。但最奇妙的经历一定属于那些潜水者。靠着运气或者一定的专业知识，他们也许能遇到一只甚至好几只，因为鲸鲨经常结伴旅行。这种大鱼对在它巨大的身体周围游泳的人类观察者毫不在意，它已经习惯了有仆从队伍伴随身侧，永远会有小鱼徘徊在它嘴巴旁边，等待着剔下粘在它的细小牙齿上的食物，或者在它的尾巴周围游荡，从排泄物里寻找可以吃的东西。如果大鱼对它的新侍从终于失去了耐心，它会倾斜着自己庞大的身躯，尾巴只一甩就滑进了深海。

蝠鲼、姥鲨和鲸鲨属于一种古老的鱼类族群，即软骨鱼纲，它们的骨骼由软骨——一种柔性的材质——组成，比骨骼更软，更有弹性。这一类鱼出现的时候，今天生活在海洋中的所有无脊椎动物群体都已粉墨登场。因此早期的软骨鱼可以选择的动物性食物范围是非常宽泛的。毫无疑问，其中最常见的成员就是所有海洋猎人中最贪婪、最野蛮的鲨鱼。

话虽如此，鲨鱼给人类带来的危险还是常常被夸大了。其中一些物种如大白鲨，一般可以长到 6 米长，偶尔甚至可以再大出一倍，确实会攻击人类或海洋中的其他生物，但更多较小的鲨鱼寻找的是小型猎物。在马尔代夫群岛，2 米长的鲨鱼经常出没在珊瑚礁中间，对人类潜水员已经习以为常。因此找一处海域下潜，待在水下约 15 米的海底近距离观察它们是完全可能的。当你看到它们从蓝色的背景里浮现，你的第一反应不会是恐惧，而是对它的完美形态感到吃惊。它们身体的每一寸轮廓，鳍的每一条曲线似乎都完美符合流体动力学。鲨鱼在水里几乎畅行无阻，但也有局限性：头部后方的一对鳍方向是固定的，不能旋转。因此鲨鱼没有刹车。它们也比水更重。这样的局限性对人而言是万幸，因为它们没法在潜水员面前盘旋，或者试验性地啃上几口，必须立即一口咬下去，不然就只能冲过潜水员身边。由于人类泳者与鲨鱼体形相当，也比它们正常的食物要大得多，因此马尔代夫鲨鱼在满足好奇心之后一般就游走了。

在软骨鱼纲的种群建立之后不久，另一种鱼类也从古代种群中演化成形。它的骨骼不是软骨而是硬骨，后来发展出了软骨鱼纲动物所缺乏的两种游泳辅助手段：一种是体内的气囊，这样就有了浮力，游去任何深度都很轻松；还有就是几乎可以向任何方向旋转的前后成对的鳍，这样就在水中拥有了极大的机动性。

　　早期硬骨鱼的一些后代也以浮游生物为食。硬骨鱼没法长到软骨鱼那么大，但它们以不同的方式开发了丰富的浮游生物资源。它们形成了巨大的鱼群，作为一个协调的整体来游动和进食。从这个角度来看，硬骨鱼中的浮游生物摄食者可以说超过了巨大的鲸鲨，因为这些鱼群有时能宽达数英里，其中的个体挨得十分紧密，鱼群的中心有时会像一个阔大、晃动的小丘一样冒出水面。鲲鱼的行为模式就是如此，主要以浮游植物为食。鲱鱼不仅消耗藻类，还消耗大量浮游动物。硬骨鱼中也有和鲨鱼一样的掠食性鱼类。如今这个群体约有 20 000 种，海洋能够提供的几乎所有环境和食物来源都被它们进行了充分的开发。

　　然而，鱼类在海洋中的霸主地位并非没有受到过挑战。大约 2.5 亿年前，在硬骨鱼和软骨鱼群落都已发展成熟、数量庞大的时期，一些当时已经长出四条腿，定居在陆地上的冷血生物开始回归海洋。率先迈出这一步的是爬行动物，于是它们中间出现了鱼龙。紧接着是早期的海龟，然后是蛇颈龙，还有在这些大型爬行动物灾难性灭绝之前不久才出现的庞然大物——沧龙。有一些海鸟群体放弃了飞行，开始在水上栖居。今天，企鹅在水中的速度和敏捷程度不输鱼类，毕竟它们要靠捕鱼为生。

　　大约 1.5 亿年前，哺乳动物出现在陆地上，它们是温血动物，有毛发做保温层。之后它们中间也产生了一些代表性动物，因为被大海的富饶所吸引，来到了海洋定居，当时大型海洋爬行动物的消失也给它们提供了机会。首批海洋哺乳动物大约出现于 5 000 万年前，是鲸的祖先。如今生存下来的有两种截然不同的鲸类，一种是有牙齿的，如抹香鲸、海豚和白鲸，另一种上颚长着栏杆一样的角质鲸须，它们会与姥鲨竞争，捕食较大的浮游生物，比如磷虾。

几百万年后，另一个哺乳动物种群告别了近亲熊和鼬类，向海洋进发。它们后来进化成了今天的海豹、海狮和海象。这些生物还没有像鲸那样完全适应海洋生活。它们仍然保留着鲸已经退化掉的后肢，头骨也仍然像陆地上的食肉动物一样明显。它们还没能像鲸一样掌握在海里交配和分娩的诀窍，必须每年返回陆地完成这个过程。

这种哺乳动物"下海"的趋势似乎还没有停止。生活在北极的北极熊大部分时间都在海上，要么在浮冰上，要么在水下追捕海豹。它显然仍是一种陆地动物，除了颜色外都与近亲灰熊非常相似，但它已经具备了在水下睁眼和关闭鼻孔的能力，能在水下待够两分钟。也许北极熊已经开始朝这个方向进化——如果不被打断，它们的后代可能会在数百万年以内成为一种完全海洋化的生物。尽管目前北极海冰的融化看起来会促成这种进化和转变，但它发生得如此之快，其实已经威胁到北极熊的生存。它们的适应速度远没有这么快。

因此，从多细胞生物首次出现到今天，海洋在数十亿年中繁衍出了成千上万的高度多样化的动物种群。动物王国的所有主要群体都有生活在海洋里的代表。占据陆地生物量最多的昆虫也有一种生活在海洋上的成员——能在海浪表面轻快移动的水黾。绝大多数软体动物、甲壳类动物和环节蠕虫仍然生活在水中。许多数量巨大的群体，如海星和海胆、水母和珊瑚虫、鱿鱼和章鱼以及鱼类，稍微离开海洋就完全无法生存。生命诞生于海洋，海洋不仅为生命提供了成长的摇篮，今天也依然是它们重要的家园。

陆地包含多种不同的生境，每种生境都有产生了高度适应性的动植物群落，海洋也是如此。两者之间有许多惊人的相似之处。

热带雨林是陆地上生物繁衍最多、密度最大的地方，而海洋里也有自己的"热带雨林"：珊瑚礁。从表面上看，这种相似之处是很明显的。由各种珊瑚组成的小丛林里，一些树干和树枝既有向上生长的，向着光线舒展臂膀，也有一些水平生长的，以便接收阳光，这一点和植物很像。这种相似性其实比我们能想象到的还要高。

建造珊瑚礁的珊瑚虫当然是动物，和小海葵差不多。但它们的体内含有大量的黄褐色小颗粒——这些是植物，与浮游生物中的藻类是近亲。生活在珊瑚虫体内的这些藻类会吸收废物，为寄主服务。它们将磷酸盐和硝酸盐转化为蛋白质，并在太阳给予的帮助下用二氧化碳生产碳水化合物。最后一个环节会产生废物——氧气，并释放出来。这正是珊瑚虫呼吸所需要的。因此，这种安排对这两种生物来说是各取所需。除了珊瑚虫体内的藻类外，还有许多其他藻类独立生活在珊瑚群落里已经死亡的珊瑚虫上。总体来说，珊瑚丛中四分之三的生命组织是植物。

珊瑚和共生的藻类从海水中孜孜不倦地吸收营养，分泌出石灰质——这是构成珊瑚礁的主要物质。珊瑚虫是主要的贡献者，一生中都会持续分泌石灰质。当一只珊瑚虫建好了自己的小安全室，它就会生出一颗细细的芽，从中发育出另一只珊瑚虫。然后新生的珊瑚虫也会开始建造自己的房屋，被埋葬的父辈则随之迎接自己的死亡。因此，整个群落就由这样一层层中空的石灰质腔室和覆盖其上的一层薄薄的活体组织构成。大片被废弃的房屋里已不再有珊瑚虫，成为没有生命的存在，但它通过为后代提供支撑，依然在持续为珊瑚群落服务。在这种意义上，它与树干坚实的木质部是一样的。由于珊瑚中的藻类依赖太阳，珊瑚无法在 150 米以下的深水里生存。巧合的是，这几乎也是丛林从林冠到地面的高度。

缤纷的海洋生物有的以礁石间的"灌丛"和"树枝"为食，有的在礁石的树枝上安家。鹦鹉鱼嘴的前部长有尖利的、状如鸟喙的牙齿，用来啃食珊瑚，口腔里的圆形牙齿则能把满嘴的珊瑚磨碎，吃掉里面的珊瑚虫。也有其他鱼类在珊瑚丛中巧取豪夺，使用的方式更加巧妙。鲜绿色带橙色斑点的革鲳用嘴夹住珊瑚虫腔室的入口，把珊瑚虫吸出来吃。海星能产生一种消化液，并将其喷射到小腔室内，把珊瑚虫化成汤喝掉。

还有很多生物在珊瑚礁里藏身或建造家园。藤壶和蛤蜊在石灰石上钻孔，在过滤浮游生物的同时也给自己找了一个安身之处。海百合和海蛇尾、刚毛虫和无壳软体动物在珊瑚枝组成的网之间爬来爬去。海鳝潜伏在小洞穴中，随时准备突袭一名毫无戒备的受害者。成群的亮蓝色小鱼像鸟群一样出没在鹿角珊瑚的枝杈间，在它们选中的一簇上方徘徊，寻找可食用的小颗粒物。如有危险来临，在旋涡中寻觅有机质的小鱼就会立即躲进石层或海藻叶子之间的安全地带。海绵和海扇、海葵和海参、海鞘和蛤蜊像丛林树枝上生长的植物一样，热闹地聚集在珊瑚群落的各个角落。

就像我们能观察到的一样，雨林的生物多样性部分缘于良好的环境条件——温暖潮湿的空气和充足的阳光，部分也是缘于长期的稳定性让生物得以充分进化，适应了各种独特的生态位。珊瑚礁上生命的极大丰富是也是由类似的因素促成的。海浪有规律地拍打着珊瑚礁，在珊瑚上方来回流动，给水里带来了充足的氧气。热带的太阳提供了全年充足的光线。珊瑚礁的生境其实比雨林还要古老。珊瑚礁系统包括珊瑚、海胆、海蛇尾、软体动物和海绵等物种，这些今天在珊瑚礁上发现的相互依存的生物系统已经有 2 亿年的历史。大量化石清楚地证明了这一点。从那时到现在，热带海洋的部分地区一直有珊瑚礁存在，这些珊瑚礁也一直是浮游生物四海漂流的幼虫所寻找的落脚点。以澳大利亚东部的大堡礁为例，如今它拥有 3 000 多个不同的物种，其中大多数都有数量庞大的种群。

这种密集和拥挤也带来了问题。任何能够提供一定保护的洞穴或裂缝都会遭到激烈争抢。有一种虾，喜欢大费周章地在珊瑚头之间的沙地上为自己挖洞；而另一种虾喜欢在它旁边转悠，霸占对方刚刚挖好的洞。软体动物的空壳里面住着寄居蟹，外面长着海绵。海绵靠吃螃蟹食物的碎屑为生，把空壳完全包裹起来，让捕食者看不到螃蟹的避难所。像铅笔一样细的珍珠鱼在另一种动物的体内找到了庇护。它用鼻子轻推海参的肛门，钻进海参的肚子。在里面它不仅可以免受敌人的攻击，还可以随时获得食物。它会啃食海参的内脏，而海参即便失去内脏，也能很快地再生。

密度也是珊瑚礁生物如此炫目的原因。在哪里都一样，一条鱼必须能够在周围的鱼群中识别出自己的族类，也就是潜在的配偶或竞争对手。在珊瑚礁眼花缭乱的视觉环境中，如果想要易于辨识，识别信号就必须格外生动。当几个形状和大小相似但各自拥有特定食物来源的近缘物种在同一水域游动时，问题就变得突出起来了。蝴蝶鱼就是这样一个科，其中每个种都有自己的特点，通常是由眼睛状花纹、条纹和斑点组成的艳丽组合，这样的话每个种都可以在远处被识别，就像丛林中美丽的蝴蝶一样。

如果珊瑚礁是海洋里的丛林，那么远洋的浅层海水就是稀树草原和平原。浮游植物年复一年在这里进行声势治人的繁殖活动。像草一样，它的丰度随季节而变化，因为它们和植物一样不仅需要光线，还需要磷酸盐、硝酸盐和其他营养物质。这些物质来自生活在海洋表层的众多生物的排泄物和尸体。但与草场上奶牛的粪便不同，这些物质不会留在海洋牧场上。相反，它们会稳定而缓慢地在水中下沉，在海底形成软泥，远远超出了浮游藻类能触及的范围。但是，季节性风暴搅动海水时，会产生强大的潮汐，或者上升流随着气温的变化而增强，肥沃的软泥会被乱流带着旋转上升。这种时候，浮

游植物就又可以生长，展现出极强的活力了。几个月过去后，海洋重归平静，但藻类已经完成了大量繁育，也耗尽了大部分可食用的化学物质，海水再次变得贫瘠。这种情况下浮游生物会大量死去，数量保持在较低水平，直到下一次海水被"施肥"，整个过程再次启动。

在这些广阔的海洋牧场上觅食的鳀鱼、鲱鱼、沙丁鱼和飞鱼鱼群是大群贪婪的肉食性鱼类的捕食对象，就像非洲平原上的羚羊群被猎豹和狮子捕食一样。其中一些海洋猎人，如鲭鱼，并没有比猎物大多少。也有 2 米长的梭鱼，不仅捕食浮游生物，还会捕食较小的掠食性鱼类。其中最大的是大鲨鱼和会形成壮观鱼群的远洋鱼类，如金枪鱼。鲨鱼和金枪鱼的游动速度都极快，如果它们想抓住猎物，就必须如此。它们的大小差不多，体形也非常相似，但泳姿最近乎完美的是金枪鱼及其近亲长嘴鱼。

这些超级生物遨游在全世界的海洋里。大约有 30 个不同的种，从不同民族的渔民那里获得了各种各样的名字——渔民对寻获这一类鱼有强烈的渴望，不仅因为它们肉质丰厚，还因为它们是无比勇敢和强大的战士。其中包括金枪鱼、大耳马鲛、飞鱼、马林鱼、旗鱼、鲣鱼和刺鲅。其中有些能长到 4 米长，重达 650 千克。它们的体形在流体力学上比鲨鱼的体形更接近理想状态。鼻子是尖的，突出成一根细长的刺，就像超音速飞机的机头一样。身体后部逐渐变细，末端的尾巴呈新月形。眼睛的表面只是轮廓线形状，不凸起，因此不会中断头部的平滑流线。金枪鱼和其他一些鲭科鱼类的头后部都

有一个形状特殊的鳞片，作用相当于扰流板，在身体最宽的部位产生轻微的湍流，从而减少前方的阻力。在高速游泳时，鳍会缩回特殊的凹槽中，这样就不会阻碍水流。旗鱼是这些超级鱼类中的一种，它的短距离游动速度可达每小时 110 千米。黑马林鱼的游动速度甚至可达每小时 129 千米。这样的速度，比陆地动物中最快的猎豹还要快。

以这样的速度游泳会消耗非常多的能量，因此需要大量的氧气供应。这些鱼获得氧气不是通过收缩喉咙底部，移动鳃盖，轻轻地将水泵入嘴里，然后通过鳃缝将水泵出，而是永远张着嘴游泳，让水流高速流过它们大大的鳃。因此单是为了呼吸，它们就必须以相当快的速度持续游动。通过较高的体温保持身体的化学特性，它们肌肉的能量输出和反应也得到了增强。实际上，与其他鱼不同的是，这些鱼是温血动物，体温可能会比它们游经的水域高出 12℃。

剑鱼通常是独行猎人。它们潜入鱼群，举着长剑出击，据说有些猎物会被它们刺伤，也有些是被击昏的。金枪鱼则通常团队作战。人们观察到一群金枪鱼会小心地在一个鱼群周边巡游，有的在后方押队，有的在侧面巡逻，保持紧密的队形。一旦发起进攻就是大规模屠杀。金枪鱼会直插鱼群，以毁灭性的精确度和速度捕捉小鱼，让整个鱼群都陷入恐慌。成百上千的鱼从海面上弹射出来，试图逃离水下的尖牙利齿，就像惊恐的高角羚在一群横冲直撞的狮群中跳开一样。

大海有大草原，也有沙漠。靠近大陆的边缘，海床为大片的沙子所覆盖。与表层海水相比，这部分海域的生命是贫乏的。和陆地沙漠里的风一样，海流拂过沙子，涤荡出长长的涟漪纹和沙丘。沙子本身不含营养物质，沉积在沙粒中的有机颗粒会被不断地淘洗，然后被流动的海水再次筛走。就像有生物生活在沿岸的沙滩上，也有些生物想方设法在这里生存了下来。花园鳗将尾巴埋在沙子里，分泌黏液将沙粒粘在一起，然后将身体的上部直立在没有遮挡的水中，过滤食物。有一种海葵，就像沙堡蠕虫一样会为自己建造一个独立的沙管。乍一看，这类生物似乎几乎是这些荒芜的海底地区为数不多的居民，但这其实是一种假象。生活在沙子里的动物还有很多。趴在靠近海底的地方，身上覆盖着一层薄薄的灰土，用沙粒进行完美伪装的是鲽形目——鲽鱼、比目鱼和大比目鱼等。还有躲藏在更深处的无脊椎动物——海胆、蠕虫和软体动物。

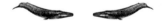

然而，海洋中有一个部分，在陆地上找不到任何相似的所在。沿着大陆边缘的海洋沙漠的更远处，洋面漂浮的海草下面，是黑色的深渊。直到最近，我们对那里生命的了解几乎完全基于深海挖泥船随机带回的破碎尸体。然而现在载人潜水器，特别是远程操作的潜水器，一般能够下潜到海面以下几千米处，它们的探照灯的光束让我们瞥见了一个在空间和物理条件上比地球上任何其他地方都更加遥远而陌生的世界，无论在水上还是在水下。有些潜水器甚至将冒险活动实时传回陆地上，为世界上所有人提供了探索这些仿佛地

外景观的可能。

下潜时，水变得越来越冷。很快就接近零摄氏度了。在 600 米以下，太阳的光线已经完全被巨量的海水所吞噬。每下降 10 米，压力就增加 1 个大气压，因此在 3 000 米深处，压力大约是地面气压的 300 倍。食物非常稀缺。从上面飘落的死亡生物下降得非常缓慢。一只小虾可能需要一周的时间才能到达 3 000 米深处。因此，大多数死亡生物在到达如此深度之前就被吃掉了，或者已经分解得太充分，超出了任何动物肠道的吸收能力，只适合当作浮游生物的养料。然而，我们即使对这个遥远世界只进行了有限的探索，也已经发现了成千上万种鱼类和更多的无脊椎动物物种。几乎每一次探险——每年都有一些——都会为科学界发现新的物种。

其中一些动物能自己发光。它们使用的"电池"几乎都是细菌菌落，光是菌落化学反应的副产物。鱼将菌落保存在特殊的囊中，位于头部的侧面、胁腹或鳍的末端。细菌本身会持续发光，但这可能不适合它们的寄主，它们有时可能会非常喜欢隐身。因此，鱼会合上头部不透明组织的百叶窗，或者限制血液供应来关闭它们的细菌灯。

在深海发现的鱼类存在光度的现象非常普遍，这表明拥有光线十分重要。但是关于它的确切用途，我们还有很多需要了解的地方。一种小型发光鱼将细菌保存在两只眼睛下方的一个小房间里。它们会成群地游动，通过在这个小房间外侧升降一小块皮肤来打开和关闭灯光。特殊的信号灯闪光可以使它们保持集聚状态，或帮助雄性找到雌性。如果有捕食者靠近，鱼群就会发出警报，集体关灯并迅速游走，然后在其他地方重新打开对着彼此闪烁。许多鱼的灯光在身体底部，这表明它们要捕食的生物一定是在它们下方的海水中。略显矛盾的是，这些灯光可能同时具有伪装的作用。在深海的上层区域，光线从遥远的海面透过，足以让鱼群形成一个在光线下的剪影，那么此时在下部发光可能会使鱼群变得不那么明显。

这样的功能听起来可能不可思议。虽然我们还有很多不了解的地方，但毫无疑问，光线在黑暗中的确是一种吸引，一些鱼利用光诱使猎物进入它们的射程。浅海里的鮟鱇鱼会用一条长长的、经过特殊改造的背棘吸引猎物。它的末端有一个很小的薄膜，鱼会摇动它，让它像钓鱼者的诱饵一样颤动，而这也正是它的用途。深海里的鮟鱇鱼身上，诱饵是一个细菌灯泡。小鱼似乎无法抗拒这种吸引。它们游得越来越近，最后被垂钓的鱼一口吸进嘴巴里。

吸引猎物的需要是首位的，因为尽管深海中的生物数量不少，但个体密度非常低。因此，能遇到的情况很少，一旦相遇，必须充分利用。这也许可以解释为什么许多深海鱼有着巨大的可扩张的腹部，能够容纳比自己大得多的猎物。这也解释了许多深海垂钓者奇特的两性关系。雄鱼在幼年时比雌鱼略小，但在其他方面与雌鱼没有太大差异。如果它成功地找到了一只雌鱼，它会用下颚将自己固定在雌性身体上靠近生殖孔的位置。然后它会慢慢退化。它的血液系统与雌鱼的血液系统合二为一，心脏逐渐萎缩。最终，它成了一个仅仅用于产生精子的袋子，但会在雌鱼的余生中继续使卵子受精。

它把唯一的一次性接触利用到了极致。

海洋最深的地方洋流一般无法到达，因此那里的海水不仅黑暗、寒冷，而且几近静止。这也对鱼类的体形产生了影响。由于无须逆流前进，一点点肌肉就可以让它们游动起来，或者在开阔的水域保持静止。它们因此一般具有脆弱的外观，许多几乎是透明的，让人联想到从前威尼斯玻璃吹制工的奇想。也是因为这一点，一些生活在海底的鱼类用极细的拐杖状的鳍就能在海底游动。

洋盆中心的深海海床大部分位于陆源沉积物能到达的范围以外。唯一一种飘到这里的矿物颗粒是从大气中沉降下来的火山灰。水压太大了，骨头和石灰岩壳都会崩解。浮游植物的骨骼由二氧化硅构成，抗压能力更强，而奇怪的是鲸的耳骨、乌贼的颚部和鲨鱼的牙齿同样如此。然而，巨大的压力会导致一些溶解矿物质在水中沉淀，海底最深处的某些地方遍布着锰、铁和镍的结核，有些小如葡萄，有些大如炮弹。即便是在这里，深海潜艇的探照灯也发现了生命的迹象——蠕虫或海参，费力地咀嚼沉积物，攫取最后一些可食用的颗粒，在稀薄的软泥中留下它们漫游的痕迹。

然而，这些由上方生活的动物的尸体或排泄物形成的软泥大部分已经不可用。它已经分解成磷酸盐和硝酸盐等化学成分，只能通过细菌和植物重新组合成有机组织。当然，没有藻类能够在无光的深海生存，因此，这些有营养的软泥是浮游生物够不着的，除非有风暴扰动海水。

另一种力也可能达到同样的效果。在某些地方，强大的洋流会流经深海海底，抄起软泥，让它们重新进入循环。这种洋流起源于加勒比海。这个热带大西洋的小海湾位于中美洲东海岸一个相对较浅的洋盆，被西印度群岛包围，太阳加热了海湾里的海水。而地球自转产生的力量和终年吹拂的信风推着加勒比海的海水向北和向西，穿过古巴和尤卡坦半岛，进入墨西哥湾。然后海水继续向前，形成一条宽 80 千米、深 500 米的巨大暖流，携带着丰富的热带浮游生物，穿过大西洋西部较冷的水域，沿着美国东海岸向北流动。这就是墨西哥湾暖流。行进大约 5 000 千米后，它与从北极向南流动的拉布拉多海流正面相遇。两股洋流上方流动的冷暖空气交汇，产生全年不散的雾气，海水在浓雾下方激荡翻腾。

恰好在这个特定的交汇点，大西洋深处抬升形成了一个 300 千米宽、500 千米长的大型海底高原。它离海面非常近，高原上方的海水都能接受到阳光的照射，浮游植物因此繁衍生息。但与其他地方不同，这里的营养物质供应从未被浮游植物耗尽，因为从各个方向扫过高台侧面的洋流从深海中带来了肥沃的软泥。结果是熬制出了空前丰富的"浮游生物汤"，数千年来，鱼群在这里生长繁衍，数量超出了其他所有渔场。这就是纽芬兰大浅滩。

曾经，以浮游生物为食的鱼类中有一种与沙丁鱼存在远亲关系的小型鱼类，名叫毛鳞鱼。夏天，它们大批聚集到纽芬兰的沙滩附近，把附近的海水染成一片漆黑。大潮到来时它们靠近海岸，高潮时它们会直接游到海滩上。每一波潮涌都带上来成千上万的毛鳞鱼。它们被冲上沙滩，雌鱼迅速而急切地扭动身体，挖出浅浅的沟槽，排出鱼卵。雄鱼则在它们旁边释放精子。下一波涌浪将它们带回大海，但大多数毛鳞鱼并不会重启新生活。几乎所有产卵的毛鳞鱼都会死亡，苍白的尸体在近海的浅滩上形成了大片漂浮物。

毛鳞鱼群吸引了许多其他动物。数以千万计的鳕鱼以它们为食。海鸟从空中飞下来啄食，鲣鸟俯冲下来，不断对水面进行轰炸。三趾鸥和刀嘴海雀在鱼群中间划水。海豹穿过汹涌的海水，往肚子里塞满小鱼。最令人印象深刻的是座头鲸，一口就能吞食数万条鱼。

人类也到这里来大肆捕捞。发展工业化捕鱼以来，大渔场的捕捞强度越来越高。年复一年，捕鱼技术花样翻新，有了雷达和声呐定位鱼群的新方法、新的渔网设计、新的手段，渔获量不断提升。再大的渔场也不能取之不尽用之不竭。20 世纪 80 年代末，人们怀抱着这片丰富的渔场可以年复一年持续利用的念想，在附近海岸上修筑了鱼类加工厂，如今都已空空荡荡。1992 年，加拿大发布了纽芬兰渔场禁渔令，希望恢复鱼类资源。然而鱼群至今仍未恢复。人类的贪婪，已经让我们这个星球上最富饶和最有生产力的地区命悬一线。

第 十 二 章

新世界

NEW WORLDS

生命体有极强的适应性。物种不是固化或一成不变的，它们的演化速度足以跟得上大多数缓慢渐进的地理和气候变化。猫头鹰在极北之地定居的过程中，慢慢长出了更厚也更白的羽毛，能让它们在白雪覆盖的苔原上保持体温，且更不易被发现。狼在栖息地沙漠化的过程中逐步褪去了厚厚的被毛，这样身体就不会过热，主动迁徙到沙漠化地区的狼群也经历了同样的变化。羚羊历经多代走出了森林，来到开阔的热带草原以食草为生，它们演化出了更长的腿，成为更迅捷的跑者，生活在这种完全暴露的环境中的风险也因此而降低。

人类在走出非洲、扩散到这颗星球各处的几万年时间里，显示出了同样的适应性。在北极圈生活的人肢体变得短小而结实，这一体形有助于留住热量；亚马孙雨林里的人则鲜有体毛，四肢修长，体形利于散热。迁徙到了日照更少、温度更低的地区的人，因为接受的光照强度很弱，时长也很短，身体无法产生足量的维生素，肤色因为色素减少而显得苍白，于是渐渐告别了祖先曾经拥有的深色皮肤——这种肤色曾经能够抵御烈日照射，形成自我保护。

后来，大约在 12 000 年前，我们开始展露出一种全新的天赋。面对严酷的生存环境，我们不再被动接受命运，等待无形的自然选择缓慢重塑我们的身体和行为。相反，我们改变了周遭的环境。这一改变始于改造土地以及我们赖以生存的动植物。

向这个方向迈出第一步的是生活在中东的人类。一开始他们居无定所，逐猎于野，采集根茎、叶子、水果和种子。他们也许会和狼群争夺猎物。当然，狼群会跟随人类猎手，捡拾被丢弃的内脏，就像非洲的胡狼会在狮群的威势之下讨生活，在狮子们吃饱后从它们的战利品中分得一杯羹一样。相反的情况也时有发生，待一群狼杀死猎物，人类猎手也可能取走其中的一部分。

这两个物种不仅共享领地和猎物，也拥有类似的社会组织。一样是集体狩猎，一样有复杂的阶层，通过时不时就上演统治和服从的戏码，建立起权威和命令的链条。最终，两个物种形成了某种同盟。

其实不难想象这是如何发生的。不论在哪，人类都乐于豢养宠物，所以我们可以合理地推测，早期人类猎人会把狼崽带回去，让它们和孩子们一起待在篝火旁。哺乳期的人类母亲甚至可能会收养成为孤儿的狼崽，分给它们一些奶水。在人类族群中长大的幼狼可能就这样接受了人类领袖的统治地位。当它们成年后，仍然在捕猎中服从于人类的领导，听从人类的指令，并在猎杀完成后获取一份奖励。

现代遗传学揭示出这种"狼犬"与当今生活在世界上的狼并非同种。演化出现代犬类的狼的野外血脉已经完全断绝，仅剩两个亲缘种：野狼和家犬。我们究竟是什么时候开始和狗——这一人类成功驯化的唯一一种大型食肉动物——一起生活的，仍然是一个存在争议的问题。人们在波恩郊区曾发现一个颇为动人的墓葬，年代约为14 000年前，墓穴中掩埋的骨殖来自一位40岁左右的男性，一位20岁左右的女性和一只狗。在欧洲、亚洲和中东，养狗不再单纯是为了用来打猎，也许是因为它具备陪伴的功能。

野羊是当时的人类和他们的狗追逐的对象之一。如今仍然生活在欧洲一些偏远地区的欧洲盘羊，可能与当时的野绵羊非常相似：体形小，腿长，公羊和母羊都有厚重的卷角。在冬天，它们会长出绵密的绒毛，夏天再褪掉。大约10 000年前，人类和这种害羞又警惕的生物发展出了特殊的联系。这一过程和人们驯养犬类应该是非常不同的，但也许和人与生活在北欧苔原上的驯鹿的关系比较类似，后者时至今日仍在不断发展之中。

驯鹿这种生物逐草而居，尤其是在食物匮乏的冬天，它们必须在不同地块之间辗转，不断寻找苔藓和低矮刺柏还没有被啃食过的区域。大约1 000年前从欧洲中部地区来到北极圈的游牧民族——萨米人，会追随着它们。这支民族的生存完全依赖驯鹿，生活的一切必需品皆从驯鹿身上获取：以鹿肉和鹿奶为食，厚厚的皮毛为衣，用去除鹿毛后的皮做屋帐，用鹿筋缝纫，搓生皮为绳，鹿角和骨头则用来制造工具。但萨米人不能被称作通常意义上的猎人，因为今日的驯鹿已经不能算真正的野生动物了。

虽然萨米人无法控制鹿群的迁徙，但各个家庭都会将特定鹿群视为"属于"自己，这一鹿群每年春天诞下的幼崽同样被视作家庭财产。然而，这会产生一个问题。年轻的公鹿很容易被领头的公鹿赶出鹿群，并在离开后建立自己新的群体，这样原先的拥有者就会失去它们。但如果对群体中的年轻公鹿进行阉割，它们就无法挑战头鹿的统治，可以一直留在鹿群里。所以萨米人每年都会将他们的动物圈起来，完成标记和阉割。

虽然如此，但为了传宗接代，有一些公鹿还是得保持功能健全，那么选择最温和、即使发情期间也会留在鹿群的公鹿来完成这个使命才是明智之举。这个选择过程已经进行了好几个世纪。所以，虽然没有选种育种的主观意愿，萨米人实际上已经这样做了。现在，他们的鹿群已经非常驯顺，全年保持着庞大的数量，有的群体甚至多达上千头，这在驯鹿生活在美洲北部地区的亲戚——北美驯鹿——身上，是不可能出现的情况。

有了这样的管理，我们可能无意中创造了一群顺从的绵羊和山羊。在1 000年左右的时间里，这些动物一直是人类唯一驯化的食草动物。然后，我们终于驯服了牛。这是一个更加困难甚至更加危险的过程。8 000年前，在欧洲和中东徘徊的原牛是一种巨型动物，最后一只在约300年前死于波兰的森林中。但我们能从它们的骨骼中知道它们有多大，从法国和西班牙的洞穴墙壁上由早期猎人绘制的生动肖像中，也可以看出它们给人留下了多么深刻的印象。公牛的肩膀高达 2 米，浑身黑色，只在脊背上有一条白线，母牛和小牛则略小一些，呈红棕色。它们一定具备相当大的威胁性，但人类——可能是在成群的狗的帮助下——会猎杀原牛，而且效率很高，因为已经发现了以原牛为猎获举行盛大宴会的遗迹。人类不仅仅是猎杀原牛，也崇拜原牛。人们在大约 8 000 年前建造的位于土耳其的恰塔霍裕克定居点发现了一个房间，里面的牛骨角排成一行，安装在黏土长凳上，看起来非常像一座神龛。

对野牛的崇拜持续了很长一段时间。印度教是世界上最古老的宗教之一，仍然崇敬这些动物。罗马神祇密特拉与它也有关，那些信奉密特拉的人需要用牛来进行祭祀。如今在西班牙仍然有在竞技场上举行的屠宰公牛的仪式，与当时的活动可能同出一源。几个世纪过去了，这些所谓神圣的野生动物也被驯服了，人类开始有选择地繁殖它们，来培育一种更适合我们的牛。毫不奇怪的是，我们培育的牛最初的变化之一就是体形有所缩小，对于像原牛这样的动物来说，太大一定很难控制。

据称，其中一些早期驯化的物种可能仍然存在。在英国，一群牛在 13 世纪左右开始被圈养起来，现在仍在切维厄特丘陵奇灵厄姆的一个有围墙的大公园里繁衍。尽管这些动物与原牛相比体形较小，但公牛仍然极具攻击性。如果有人接近它们，它们就会形成一个圆圈，向外伸出角，随时准备向四面八方的来犯者发起攻击。一头大牛统治着整个牛群。它与所有的母牛交配，和每一个挑战它的年轻公牛搏斗，如此经过两三年，它最终会失去或放弃自己的位置。今天，没有人会试图以任何方式驯养它们，据说如果小牛被人的手触摸，牛群就会杀死他。

和野生的原牛不同，奇灵厄姆的牛是纯白色的。这个方面的变化是显而易见的，因为许多家养动物是白色的，或黑白两色的。除了绵羊和山羊，后来加入人类社会的猪和马，以及新大陆的美洲驼和豚鼠都有这种引人注目的颜色。当由于某些遗传上的特殊性，这些个体出现在野生种群中时，它们会处于相当不利的位置，因为它们很快就会被捕食者识别出来。然而，在我们的保护下，这种情况不会发生，因此这种遗传倾向会肆无忌惮地发挥出来，并在群体中扩散。事实上，牧民可能更喜欢这种鲜明的颜色，为了能够方便地跟踪在林地中觅食的动物，他们从很早的时候就开始会故意选择那些颜色鲜明的个体。

大约在我们驯化动物并改变其性状的同时，我们对植物也做了同样的改造。草籽很早就被人类作为食物采集，如今卡拉哈迪地区的布须曼人和澳大利亚的原住民仍然会采集草籽。附着在种头的成熟种子比落在地上的种子更容易收集，女性很可能已经像在今天大多数的采集社会中一样承担了收集种子的任务。因此，当人们过上了更加安定的生活，开始建造永久的居所，人们保存下来在驻地周

围种植的谷物就会具有这种特征，种子在植株上保持的时间更长。因此，尽管人类可能对植物育种的原理还一无所知，也已经在着手培育一种更容易收获的新型作物了。为了种植这样的植物，人们开始清理定居点周围的土地，砍伐树木，把灌木丛连根拔起，为我们的作物争取空间和光线。至此，人类开始成为农民。

这些新一代动植物慢慢地从一个定居点传播到另一个定居点，跨越中东，进入欧洲。通过种植，人们改变了土地的面貌，让景观"适应"了人类。这些变化最终产生的影响之大、覆盖之全面，在英国就能生动地看到。1 万年前，不列颠群岛几乎完全被林地覆盖。在英格兰北部和苏格兰有常绿松林；在南部，混合落叶林地以橡树、椴树和榆树为主，榛树、桦树、桤木和梣木的数量较少；只有沼泽地和 700 米以上的山坡没有树木生长。在长达数千年的时间里，人类都在森林里生活，不过那时他们几乎没有改变森林的任何地方。他们收集榛子和野果，在狗的协助下狩猎，猎获中不仅有原牛，还有马鹿、麋鹿、河狸、驯鹿和野猪。然后，大约在 5 500 年前，来自欧洲的农民开始进入英格兰南部。他们带来了种植小麦的种子，还有驯化的牛群和羊群。他们开始用石斧砍伐森林，为定居点腾出空间，为牲畜提供牧场，为谷物提供田地。

今天，我们倾向于将这些人创造的景观视为英国自然乡村的缩影——饱满的白垩土上覆盖着紧密的草皮，在春天呈现出一派金黄景象，牛蒡上浮着薄雾，夏天则有五颜六色的小花，在晴朗的蓝天下，云雀的歌声婉转如银铃。事实上，除了白垩山本身的基本形态之外，这片土地上的一切都是人类和动物行为的结果。人们砍伐树木，从那时起，我们的动物就开始啃咬每一棵发芽的幼树、幼苗，阻止树木的再生。

这种转变现在几乎发生在英国的每一个地区。然而，我们应当对此承担的责任往往被遗忘了。诺福克布罗德斯国家公园是一片由芦苇床和水道组成的荒野，但那些不是天然湖泊，而是中世纪泥炭挖掘者留下的巨大凹坑，只是后来这些凹坑被洪水淹没。苏格兰高地的石楠覆盖的松鸡沼地曾经是松林，大约在 200 年前就被砍伐干净了。为了增加吃石楠的松鸡的数量，人们设法促进石楠的生长，并且为了长期维持在这种状态，每 10~15 年就要焚烧整个沼泽地。覆盖在英国许多山丘两侧的长方形针叶树种植园显然是人为的。给这个低地国家带来了许多趣味、哺育了许多野生生物的混交林和针叶树也大多是人工种植的，目的是为猎物提供掩护，并利用林地出产的木材。

人们改变了英国的景观，也改变了生活在其中的动物。那些不适合我们或我们认为危险的动物，如狼和熊，都被我们消灭了。其他动物——河狸、驯鹿和麋鹿——大部分也消失了，原因是人类的过度猎杀，以及它们赖以生存的栖息地被摧毁。同时，英国从其他地方引入了别的动物。在 12 世纪，英国为了获取兔肉和皮毛引入了兔子，它最初是西地中海国家土生土长的动物。在几个世纪内，兔子已成为英国所有较大型四足动物中数量最多的一种。大约在同一时期，英国还引进了源自高加索地区的雉鸡。自那以后，这种鸟类的新种多次被引入，尤其是来自中国的环颈雉。它们现在也已经是农村地区常见的自由居民。因此，几个世纪以来，越来越多的生物加入了英国社区，用来给人们提供食物、娱乐或装饰，或者三者兼而有之。直到今天，至少有来自外国的 13 种哺乳动物、10 种鸟类、3 种两栖动物和 10 种鱼类成为英国的归化居民。

人们还继续加以改造驯化过的动物来满足自己的需求。长着厚厚羊毛的羊，全年都带着毛，羊毛不会零碎脱落，而是可以供牧羊人在合适的时候修剪和收集起来。人们饲养的奶牛几乎丧失了全部的攻击性，不自然地产生了大量牛奶，并在最适合为人类厨师所用的部位增加了不必要的肌肉。最后，狗的多样性也达到了非凡的程度。獒犬被培育成凶恶的看门犬，能够一下把人扑倒；猎犬拥有高度发达的嗅觉，能够寻回空中射下来的鸟类；短腿好斗的㹴犬，常常钻到洞里与狐狸搏斗；长而矮的腊肠犬可以猎獾；斗牛犬下颌突出，尖牙过度发达，无论受到什么样的打击，都能抓住猎物不放。此外，出人意料的是，软毛、大眼睛的狗一生都是那么小巧，适合坐在女士的膝盖上接受抚摸。虽然所有这些品种都来自同一个祖先——狼，但有些实际上已经成了新物种，由于比例和身高的原因而不再能与其他狼杂交。

人们用同样的方法对付植物。今天英国的菜园里有来自世界各地的蔬菜，例如最初由印加人在安第斯山脉种植的马铃薯，墨西哥阿兹特克人的荷包豆、甜玉米和西红柿。大黄来自中国，胡萝卜来自阿富汗，花椰菜来自中东地区，菠菜来自波斯（今伊朗）。在过去的 500 年中，所有这些物种都被培育，发展壮大，成为我们需求量最大的食物种类，在某些情况下甚至被改造得面目全非。

人们还创造了一个全新的环境——建造出城镇。第一个城镇出现在中东，时间是大约 1 万年前，似乎与人类首次成功驯化植物和动物有直接联系。人类从此摆脱了通过迁徙寻找食物的需要。这些密集的定居点能容纳数千人，是用晒干的泥砖建成的，毫无疑问，最初这里并不是这样陌生的地方。植物能够在摇摇欲坠的砖墙中不费吹灰之力地生根，很多布满灰尘的角落里，有蜘蛛在那里织网，还有成堆的垃圾，田鼠躲在那里筑巢。但是，随着技术的发展，人类学会用石头和窑砖等更耐用的材料来建筑，开始用鹅卵石和石块铺设道路，英国的城镇对野生动物的欢迎程度越来越低。今天，人类作为工程师，变得如此善巧，不断生产出新的材料，迸发出非凡的创造力，英国的城镇中已经很少有非人造的东西。很难想象有任何环境比芝加哥的西尔斯大厦（自 2009 年以来一直被称为威利斯大厦）所代表的环境更加脱离自然世界，该大厦高 450 多米，曾经在很长时间里一直是世界上最高的建筑。它的骨架是钢梁，外立面是由青铜色的玻璃、有黑色涂层的铝和不锈钢制成的抛光的垂直峭壁。每天早上有 1.2 万人到这里，在这座办公大厦度过他们的一天，大多数人都晒不到太阳。他们呼吸的空气经过了净化和加湿，并保持在合适的温度，空气由计算机控制的泵输送进去。在方圆数英里的范围内，大地的土壤都被密封在沥青和混凝土之下，空气中充满了汽车尾气和百万台空调排出的气体。你可能会认为，这样的城市除了人类之外，没有任何其他形式的生命存在。然而，植物和动物对这种新环境的反应就像它们对地表所有其他环境的反应一样。它们不仅发现了如何适应这些新情况的办法，而且在某些情况下获得了人类的喜爱。

事实上，贫瘠的砖石和混凝土有一个天然的对应物——火山灰场和熔岩流。在后一种环境中定植的植物有时也能够在前一种环境中成活。早在 18 世纪，一位牛津植物学家从西西里岛埃特纳火山的山坡上采集了一株高高的雏菊状植物，花朵呈鲜黄色，并将其带回了大学的植物园。它在那里蓬勃发展，到 18 世纪末，它已经逃脱了植物园，在学院的石灰岩墙上生长。几十年间，它没有采取进一步的行动。但是在 19 世纪中叶英国各地都在修建铁路的时候，路堤和路堑上大量铺设了穿梭其上的火车产生的煤渣和灰烬，这就应了这种植物的喜好。很快，现在被称为牛津千里光的植物沿着铁道到达了新的领土，并在这个过程中与当地植物杂交。今天，在英国几乎没有一个城市没有它，倒塌的砖石堆和空地上随处可见。

还有在北美火山山侧和在圣海伦斯火山灰覆盖的山坡上开垦荒地的火草，历史上也有类似的情节。在 20 世纪，它曾被认为是英国罕见的物种。但在二战期间英国城市的大片地区因轰炸成为荒地，火草突然蔓延开来，浓密的紫色包裹了废墟。现在，它已成为英国最常见的城市野生植物之一，被称为柳兰。

动物也找到了与天然家园类似的人造房屋。在一些建筑师手中，建筑物的垂直立面提供了与悬崖面非常相似的筑巢条件，因此经常栖息在悬崖等地的鸟类在城市中生存并不困难。鸽子是最常见和最典型的城市鸟类之一，是岩鸽的后代。岩鸽最初生活在海上悬崖上，如今在英国仍然有岩鸽，它们也保留了同样的生活习性，但仅在爱尔兰和苏格兰部分地区有分布。人类为了食用鸽肉，大约在 5 000 年前驯养了这种鸽子。人们提供了特殊的窝让它们生活和筑巢。但它们已经在城市中找回了自由生活，真正的野生鸟类也加入了它们。现在，这两个种已经杂交产生了杂色的鸽群，遍布西欧城市几乎所有公共场所的天空。其中一些个体与原始的野生岩鸽非常相似，羽毛呈蓝灰色，臀部呈白色，头部和颈部是有光泽的紫绿色。不同之处在于，它们喙部靠下的裸露皮肤带更加突出。也有一些带有几个世纪以来国内育种所分离和强调的特征，如白色、黑色、黑白相间或赤陶色。城市鸽子在古典柱头和新哥特式壁龛之间筑巢，就像它们在海崖的壁架和裂缝上筑巢一样。秋季，八哥成群结队地聚集在城镇中，栖息在建筑物里，在寒冷的日子里，这里的气温可能比周围的乡村要高出几摄氏度。红隼、雀鹰甚至游隼都有生活在尖塔和塔楼里的个体，像它们的亲戚在岩石山顶上生活一样，也在地面上寻找猎物。许多房屋的房檐下都有阴暗的坡屋顶和阁楼，可以通过砖块或石板松动留下的缝隙进入。蝙蝠发现这样的地方就像洞穴一样适合它们栖息。在北美，雨燕最初在中空的树木内部建造壁架状巢穴，后来人们发现在很多的雨燕领地里，通风井和烟囱里的巢比中空的树木内部的巢更加常见。如今，烟囱雨燕几乎不在别的地方筑巢，只会选择城镇。在热带城市，垂直的混凝土墙和玻璃窗户是蜥蜴的理想领地，因为蜥蜴的黏附能力使它们能够在光滑的叶子和垂直的树干上奔跑。因此，如今在热带远东地区很少有房子没有壁虎种群生活在其中，它们专心地捕捉室内被人造灯光吸引的昆虫。

其中一些城市移民找到了它喜欢的食物。一些蛾子的幼虫通过咀嚼成堆的羊毛衣服吃得胖乎乎。象鼻虫一旦进入粮仓就会不断进食和繁殖，大肆破坏粮仓，直到吃掉或者污染所有可触及的谷物。白蚁和甲虫幼虫在房梁和家具木材中挖洞。一些白蚁甚至对塑料产生了兴趣，剥离电缆，制造出重大电气故障，让人很难理解究竟是什么吸引了它们，因为它们如此下功夫咀嚼的塑料尚未被发现有任何营养价值。也许它们就像嚼口香糖的人一样，觉得这种行为本身就有意思。

然而，绝大多数的城市动物都是被一种巨大的食物资源——人类的垃圾——吸引到了城市里。丢弃的外卖食物、不小心洒出来的面包屑、垃圾桶和垃圾堆，这些就如同海洋中的浮游生物，或者草原上的青草。它们为整个食物链提供了营养基础。以城市垃圾为食的动物诞生了，这类食物的主要消费者是啮齿动物。

家鼠和小林姬鼠不一样，几乎不到很远的城镇去冒险。一项对黎凡特地区的一组牙齿化石的研究表明，15 000 年前——早在农业发展之前，几乎在人类还在迁徙的时候，老鼠就发展适应了它们的生活方式和生理结构，开始进入人类的家并以剩饭残渣为食。从那以后，它一直伴随着人类，在世界各地追随我们。基本上所有的家鼠都属于同一种类，尽管我们可以识别出它们之间不同的种群。城市中的种群形成了孤立的社区，由于农村横亘其间，它们与其他城市中的种群是相互隔绝的。这些城市中的家鼠种群的进化速度特别快，就像岛屿和湖泊一样，能使解剖学上微小而无关紧要的差异永久化，甚至有时产生特殊的适应性。因此，南美洲的几个大城市都有自己特有的家鼠种群，一些建成已久的冷藏冷库已经发展出了自己的家鼠王朝，这些家鼠有特别厚的皮毛，可以在极度严寒的条件下保暖。

黑鼠也很早就加入了我们。它们生活在东南亚某些地区的大树上，从未失去过攀爬的偏好，因此在船只上非常自在，特别是木制帆船，它们能敏捷地在索具上上下跳跃。这种对船只的喜爱促使黑鼠在世界各地迅速传播。到了12世纪，黑鼠在欧洲大陆的城市中随处可见——它们在1世纪就已经借助罗马人入侵的船只到达了英国。到了16世纪中叶，它们设法穿越大西洋，出现在了南美洲的城市里。

后来褐家鼠加入了我们。它也起源于亚洲，是一种穴居者而不是攀爬者。它也保留了祖先的偏好，因此褐家鼠和黑鼠在同一栋建筑中出没，黑鼠住在上层，沿着管道和椽子行动，而褐家鼠在墙裙上啃洞，在梁柱之间的地板下挖坑，占据地下室和下水道。褐家鼠在食物口味上的偏好要广泛得多，不仅吃黑鼠喜欢的蔬菜，还吃肉。如今，褐家鼠在大多数城市的大部分地区占据了主流地位，黑鼠基本上已经撤退到码头，在那里，它的数量经常因来自海外的新移民的加入而增加，并且在海上航行的船只上继续蓬勃发展。

尽管老鼠、鸽子、白蚁和壁虎都取得了成功，但与生活在各种自然环境中的物种数量相比，能够解决在城市中生活的问题的动物物种数量却很少。然而，城镇的食物供应全年都很丰富，并且无间断，因此那些完全生活在城镇中的物种通常会大量繁殖，城市里也因此经常有瘟疫肆虐。老鼠在建筑物内受到保护，免受季节性天气变化的影响，全年都在繁殖，每8周左右就能产下多达12只幼崽。鸽子虽然住在室外，但每年仍能产卵数次，并且可以在冬季或夏季的任何月份筑巢。

这些生物无休止的扩散给那些建造城市供自己居住的人带来了巨大的问题。老鼠袭击食物仓库，被污染的食物比能吃的还多。鸽子粪便会腐蚀石头和砖石，破坏建筑物。然而，还有更严重的问题。因为城里的老鼠和鸽子都没有天敌，染疾或致残的个体也不会很快被杀死和吃掉，反而能够存活很长时间，继续传播疾病，瘟疫因此产生。老鼠携带着跳蚤，跳蚤不仅会咬动物，还会咬人。在14世纪，这种跳蚤将鼠疫从老鼠转移到了人类身上，致使欧洲四分之一人口的死亡。就在一个世纪前，印度在1896年到1921年间约有1 100万人死于类似的鼠疫。鸽子虽然没有造成这种可怕的流行病，但也是疾病的携带者，并且经常患有伤寒和鸽痘，后者会在它们的脚上产生致命的感染。在许多城市街道上流浪的肮脏野狗部落是驯养犬只的后代，可能会携带最可怕的疾病之一——狂犬病。城市人类为了自己的生存，别无选择，只能控制城市中的这些动物种群。

　　没有多少人反对消灭衣蛾或致命的甲虫。很少有人认为杀死入侵我们的家并从我们的储藏室里偷窃东西的老鼠在道德上是错误的。对于网捕并杀死鸽子感到不安的人会略多一些，虽然我们知道它们几乎具有和老鼠一样的破坏性和危险性。尽管如此，我们大多数人现在都承认管理城市中动物种群的平衡是一种必须，也意识到扑杀这些动物的必要性。

　　令人欣慰的是，这种管理也会对生物有益。在我们的人造世界中，人们希望周围生物的种类更加多样，因此我们辟出公园，种植树木，搭建巢箱，种植特殊的花来引诱蝴蝶，在管理我们的花园的同时，采取帮助野生生物定居的措施。事实上，许多城市的管理部门已经认识到他们对辖区内的非人类物种也负有管理责任。

　　乡村也是我们创造的，也必须得到管理。几个世纪以来，关于谁应该在哪里生活的决定是由许多不同的人自行做出的，他们很少与其他人共同决定或商定，也很少有人清楚地知道自己行为的长期影响。直到现在，我们才试图实施一项考虑了生物学家的建议的国家政策。这些生物学家对动植物种群的动态和相互关系有一定的了解，同时也会统筹考虑所有人类土地使用者的利益。

　　然而，针对大范围的决策要想真正发挥效果，靠单一国家是无法实现的。一个国家可以非常有效地保护候鸟的繁殖地，但如果另一个国家允许射杀到达冬季觅食地的候鸟，这种候鸟就仍将面对灭绝的风险。即使一侧海岸的居民竭尽全力地防止污染，另一个国家的工厂却向空气中排放烟雾，形成污染云，那么几天后数百英里外的降雨就会变成酸雨，威胁到湖泊鱼类的生存。最重要的是，由于我们对化石燃料的需求，地球上各处都正在遭受日益严重的气候变化的影响。

虽然已经认识到了这些因果关系，人们仍然相信除了发达国家的城镇和被改造的乡村之外有一个广阔的自然，它能够承受任何程度的掠夺，也有足够的韧性从任何破坏中恢复。这是多么错误的认知，而这种错误已经一次又一次被证明。

世界上生产力最高的海域之一在秘鲁海岸附近，围绕着钦察群岛和桑加兰群岛这两组岛屿分布。在这里，洋流将营养物质从深海海底带到海面，方式与纽芬兰渔场的情况大致相同，结果也大致相同。浮游生物大量繁殖，哺育了庞大的鱼群。浮游生物主要的直接消费者是生活在浅层海水的小型鱼——秘鲁鳀。秘鲁鳀又是海鲈鱼和金枪鱼等较大型鱼类以及在岛屿裸露岩石上筑巢的大量鸟类的食物。燕鸥、海鸥、鹈鹕和红脚鲣鸟云集在这里。本书成书时的 80 年前，这里数量最多的鸟是南美鸬鹚，总共有 550 万只南美鸬鹚在此筑巢。与鲣鸟和鹈鹕不同的是，南美鸬鹚不会离开鸟巢很远去捕食，也不会潜入深水里找吃的。它从浅滩中就能获得需要的秘鲁鳀，只在水面游泳和活动。

南美鸬鹚的消化方式很奇怪，而且似乎效率不高，只吸收捕获的秘鲁鳀中所含营养物质的一小部分，其他都排泄了出去。大部分粪便落入大海，为海水增加了营养，进一步促进了浮游生物的生长。大约五分之一的鸟粪会落在岛屿的岩石上。秘鲁这一地区很少下雨，因此鸟粪不会被冲走，而是堆积起来，厚度一度超过 50 米。在哥伦布到达之前的时代，美洲大陆上的人们非常清楚这是一种非常高效的肥料，并将其用于种植。直到 19 世纪，才有其他人发现了这一点。已经被证实的是海鸟粪肥的氮含量是普通农家肥的 30 倍，其中还含有许多其他的重要元素。海鸟粪肥出口到了世界各地，甚至有远方的国家将整个农业产业都建立在这种肥料的基础上。它的价格也不断上涨，出口鸟粪为秘鲁贡献了一半以上的国民收入。在群岛周围作业的渔船队捕捞了大量海鲈鱼和金枪鱼，为秘鲁各地的人们提供食物。这样一个富饶、有生产力的自然宝库算得上是世间难觅。

后来，化肥被开发出来并大力推广。虽然化肥不如海鸟粪肥，但粪肥的价格还是下降了，海边的人于是转而从事利润相对较高的秘鲁鳀捕捞。秘鲁鳀不适合人类食用，但可以制成鸡饲料、牛饲料和宠物粮。设网捕捞庞大的秘鲁鳀鱼群太容易了。捕鱼没有任何限制，仅在一年内就有 1 400 万吨秘鲁鳀从这片海域里被捕捞上岸。几年后，鱼群几乎消失了，鸟也饿死了。秘鲁海岸上横陈着数百万只被海浪冲上来的海鸟的尸体。幸存的鸟数量太少，产生的鸟粪几乎不值得花力气收集，海鸟粪肥市场也走向了崩溃。同时，南美鸬鹚给大海带来的营养也不足以维持浮游生物以前的水平。秘鲁鳀船队停止捕捞数年后，秘鲁鳀种群终于得以恢复，目前是海洋里产量最高的"作物"。但是，尽管鱼群恢复了，南美鸬鹚的种群却没有复原，它们的数量继续下降，已经被列为濒危动物。人类没有担起以真正可持续的方式进行管理的责任，不仅成功地破坏了秘鲁鳀、南美鸬鹚和金枪鱼之间的微妙平衡，自己也吞下了苦果。

世界上仅次于海洋的另一庞大的自然资源——热带雨林，也在遭受同样鲁莽的掠夺。我们知道热带雨林对全世界的生态平衡发挥着关键作用，它容纳了赤道地区的暴雨，将雨水平稳地导向河流，灌溉地势较低的肥沃山谷。它给我们带来了巨大的财富。我们使用的药物中，约有 50% 含有天然成分，其中许多来自森林。雨林树木的树干是所有木材中价值最高的。几个世纪以来，林业工作者采伐雨林的方式是寻找特定种类的树木，这样就几乎不会对森林群落的其他部分造成破坏。他们会对采伐活动进行妥善规划，几年内都不会返回同一地区重复作业，让森林有时间休养生息。

然而，现在雨林面临的压力加剧了。周围农村人口的增加，自然导致了越来越多的丛林被砍伐，腾出来的土地用于种植粮食。但其中不仅仅包括供给当地人的口粮，还有出口到城市或其他地方的肉类或棕榈油。我们现在已经了解到丛林的生产力更多来自植物而不是经过淋滤的土壤，几年后，腾出来的土地就会耗尽其中的营养元素，变得十分贫瘠。人们于是又砍伐了更多的森林。此外，现代机械也大大提高了把木材转化为现金的效率。一棵生长了两个世纪的树可以在一小时内被推倒并运走。大功率的拖拉机可以相对轻松地将倒下的树木拖出茂密的丛林，人们并不关心在这个过程中会不会毁坏许多其他成长中的树木。就这样，丛林正在以前所未有的速度消失。每年都有超过瑞士国土面积大小的大片林地被砍伐。一旦林木消失，没有树根继续固定土壤，暴雨冲刷了土壤，把河流变成咆哮的褐色洪流，大地变成没有土壤覆盖的荒地，世界上最丰富的动植物宝库也将不复存在。如果我们继续以目前的速度施加破坏，雨林会在 21 世纪末彻底消失。

笼罩在这些生态灾难之上的还有气候变化的威胁，这一点已经日益为公众所知。封印在数亿年前的藻类中的太阳能如今被用来驱动我们的车辆和机器，人类对化石燃料的消耗导致大气中二氧化碳的含量飙升。我们通过打破石油中的化学键来释放所需的能量，这一过程同时也产生了二氧化碳——一种强大的温室气体。气温升高和不可避免的海洋酸化带来的影响将是复杂的，很大程度上也不可预测，但有一件事我们可以肯定：后果是灾难性的，对自然世界和整个人类来说都是如此。

我们对全世界的荒野造成的破坏已经无须赘述。更重要的是考虑应该对此采取什么措施。

我们必须认识到，人类在世界中扮演相对次要的角色已经是旧时的图景。而那些认为自然将永远慷慨的观点，即无论我们从它身上拿走多少、我们如何对待它，自然都将超越人类影响并永远满足我们的需求，是错误的。我们亦不能依赖上帝的照拂来维持我们所依赖的、无比脆弱的又相互关联的动植物群落。我们成功掌握了所处的环境——这一成就始于 1 万年前的中东，现已积累到了巅峰。现在，无论是否出自我们的主观意愿，人类都正在对全球各地产生实质性的影响。

自然界不是静态的，也从来不是静态的。森林变成草原，大草原变成沙漠，河口淤塞成了沼泽，冰盖前进又退缩。尽管从地质史的尺度来看，这些变化发生得很快，但动植物生命能够对此做出应对，因此几乎在所有环境中它们都保持了繁殖的连续性。然而，人类现在造成的变化太过迅速，几乎没有留给生物体适应的时间。我们带来的变化的规模也是巨大的。工程技术已经如此娴熟，化学技术也不断创新，我们不仅可以在几个月内改造一条小溪或一片树林的一角，也可以让整个水系和整片森林换个模样。

如果我们想要明智而有效地管理世界，就必须决定管理目标。世界自然保护联盟、联合国环境规划署和世界自然基金会这三个国际组织为此共同提出了三项指引性的基本原则。

首先，我们开发动植物自然资源的程度不能突破自然资源自我更新的限度，否则资源将被消耗殆尽。这一点看似十分明显，不值得一提。然而，浅海的秘鲁鳀资源仍然被捕捞至衰竭，鲱鱼失去了它们在欧洲水域里古老的繁殖地，多种鲸的种群虽然在缓慢恢复，但仍然没有完全逃脱灭绝的威胁。

其次，我们绝不能如此严重地改变地球的面貌，对维持生命的基本过程造成干扰，包括大气的含氧量、海洋生物的繁殖周期和脆弱的气候平衡。如果我们继续破坏地球的绿色森林，如果我们继续把海洋当作有毒物质的倾倒场，最重要的是，如果我们继续向大气中排放大量的碳，这种情形将不可避免。

　　最后，我们必须尽最大努力保护地球动植物的多样性。这不仅仅是因为我们对食物的获取极大依赖于动植物，虽然这是实情。也不仅仅是因为我们对动植物和它们在未来可能具有的实用价值都知之甚少，尽管这也是实情。但从根本上来说，我们从未拥有毁灭与我们共享这个地球的生命的道德权利。

　　就目前所知，我们的星球是黑色无垠的宇宙空间中唯一有生命存在的地方。我们在太空中是孤独的，而生命的存续现在就掌握在我们手中。

致谢

我在写作这本书第一版时，获得了非常多的帮助。最为重要的帮助来自英国广播公司的制作团队，理查德·布罗克带领的团队就最初的脚本进行了讨论。参与编辑的人多次建议我用新颖的和不为人熟知的生物来代替我最初想到的那些大众熟悉的例子，并指出了我初稿中的不足和谬误。过去和现在，我一直都感激他们，包括制片人和导演，还有研究人员、录音师和摄像师。

在写这本书的脚本和章节时，我在很大程度上依赖于无数的科学家，他们努力拼凑出对动物群落的连贯描述，煞费苦心地阐明它们的运作方式。一般情况下我都是从专业期刊的文章中了解他们的见解和发现，但有时我们也有幸与该领域的研究人员合作。每次，我们都会得到最慷慨和最无私的帮助，对此我们深表感谢。许多人向我们真实地传授了只有在野外长期生活过的人才能拥有的技能，其中一些人带我们看到了只有在他们的带领下才能取得的成就。我要特别感谢阿尔达布拉群岛的吉姆·史蒂文森博士，南极洲的奈杰尔·邦纳博士和彼得·普林斯博士，澳大利亚的诺曼·杜克博士，夏威夷的弗朗西斯·豪沃思博士，印度尼西亚的普特拉·萨斯特拉万博士，肯尼亚的杜鲁门·扬博士；纳米比亚的玛丽·西利博士，新西兰的迪克·维奇，秘鲁的菲利浦·贝内维德斯博士，美国的加里·阿尔特、约翰·爱德华兹教授、查尔斯·洛教授和罗伯特·佩恩教授。罗伯特·爱登堡博士、汉弗莱·格林伍德博士、格伦·卢卡斯博士和 L. 哈里森·马修斯博士友情审读了不同章节，帮助我避免犯错。

我也非常感谢威廉·柯林斯出版社的迈尔斯·阿奇博尔德建议出版这本书的新版本，也感谢汤姆·卡伯特和蕾切尔·莫里斯汇集整理了插图照片。

自这本书写成以来，我们的星球上发生了很多事情。第一版中提出的一些警告被证明是高度准确的。新的危险也在出现。利物浦大学的马修·科布教授阅读了全文，以确保其中的内容依旧准确无误。然而，这本书的目的不是警示我们对地球造成的破坏。它也没有探讨为了让全球生态系统在现有的复杂情况中存续，我们需要采取哪些行动。我在其他地方写过这些问题，但这本书不一样。它试图描述这个星球上的动物、群落及其生活的生态系统，以便我们了解它们是如何运转的。我们只有有了这样的理解，才能去恢复我们对地球造成的破坏，我感谢上面提及的所有人，还有更多想感谢的人没有提到，谢谢他们多方面的帮助。

插图图片来源

图 1 www.naturepl.com

图 2 Oriol Alamany/www.naturepl.com

图 3 Bernard Castelein/www.naturepl.com

图 4 Bernard Castelein/www.naturepl.com

图 5 Erlend Haarberg/www. naturepl.com

图 6 Theo Bosboom/www.naturepl.com

图 7 USGS/Lyn Topinka

图 8 NOAA Okeanos Explorer Program, Galapagos Rift Expedition 2011/photolib. noaa.gov

图 9 MARUM – Center for Marine Environmental Sciences, University of Bremen

图 10 Lieutenant Elizabeth Crapo/NOAA Corps/photolib.noaa. Gov

图 11 Jim Brandenburg/www.naturepl.com

图 12 Martha Holmes/www.naturepl.com

图 13 Enrique Lopez-Tapia/www.naturepl.com

图 14 Grant Dixon/www.naturepl.com

图 15 Tui De Roy/www.naturepl.com

图 16 Bryan and Cherry Alexander/www.naturepl.com

图 17 Fred Olivier/www.naturepl.com

图 18 Fred Olivier/www.naturepl.com

图 19 Suzi Eszterhas/www.naturepl.com

图 20 Danny Green/www.naturepl.com

图 21 Danny Green/www.naturepl.com

图 22 Michio Hoshino/www.naturepl.com

图 23 Sergey Gorshkov/ www.naturepl.com

图 24 Guy Edwardes/www.naturepl.com

图 25 Heike Odermatt/www.naturepl.com

图 26 Konstantin Mikhailov/www.naturepl.com

图 27 Alan Murphy/BIA/ www.naturepl.com

图 28 Peter Cairns/www.naturepl.com

图 29 Jussi Murtosaari/www.naturepl.com

图 30 Jasper Doest/www.naturepl.com

图 31 Wild Wonders of Europe/Zacek/www.naturepl.com

图 32 Marie Read/www. naturepl.com

图 33 Suzi Eszterhas/www.naturepl.com

图 34 Hermann Brehm/www.naturepl.com

图 35 Thomas Marent/www.naturepl.com

图 36 Stephen Dalton/www.naturepl.com

图 37 Daniel Heuclin/www. naturepl.com

图 38 Jouan Rius/www.naturepl.com

图 39 Anup Shah/www.naturepl.com

图 40 Konrad Wothe/www.naturepl.com

图 41 Phil Savoie/www.naturepl.com

图 42 Donald M. Jones/www.naturepl. com

图 43 Ingo Arndt/www.naturepl.com

图 44 Bence Mate/www.naturepl.com

图 45 Nick Garbutt/ www.naturepl.com

图 46 Nick Garbutt/www.naturepl.com

图 47 Jim Brandenburg/www.naturepl.com

图 48 Konrad Wothe/www.naturepl.com

图 49 George Sanker/www.naturepl.com

图 50 Anup Shah/www. naturepl.com

图 51 Sean Crane/www.naturepl.com

图 52 Konrad Wothe/ www.naturepl.com

图 53 Jean E. Roche/www.naturepl.com

图 54 Thomas Rabeil/www.naturepl.com

图 55 Richard Du Toit/www.naturepl.com

图 56 Denis-Huot/www.naturepl.com

图 57 Jack Dykinga/www.naturepl.com

图 58 Ingo Arndt/www.naturepl.com

图 59 Mark Moffett/www.naturepl.com

图 60 Michael & Patricia Fogden/www.naturepl.com

图 61 John Cancalosi/www.naturepl.com

图 62 Michael & Patricia Fogden/www. naturepl.com

图 63 Jack Dykinga/www.naturepl.com

图 64 Hanne & Jens Eriksen/www.naturepl.com

图 65 Yves Lanceau/www.naturepl.com

图 66 Phil Savoie/www.naturepl.com

图 67 Kim Taylor/www. naturepl.com

图 68 Chris & Monique Fallows/www.naturepl.com

图 69 Tui De Roy/www.naturepl.com

图 70 Sylvain Cordier/www.naturepl.com

图 71 MODIS/NASA

图 72 Michel Roggo/www.naturepl.com

图 73 Konrad Wothe/www.naturepl.com

图 74 Konrad Wothe/www.naturepl.com

图 75 David Welling/www. naturepl.com

图 76 © Aaron Gekoski/Scubazoo Images

图 77 Nature Production/www.naturepl.com

图 78 Julie Edgley Photography/julie@julieedgley.com/This file is licensed under the Creative Commons Attribution Share Alike 4.0 International license

图 79 Kim Taylor/www.naturepl.com

图 80 Pete Oxford/www.naturepl. com

图 81 Stephen Dalton/www.naturepl.com

图 82 Laurent Geslin/www. naturepl.com

图 83 David Tipling/www.naturepl.com

图 84 Willem Kolvoort/www.naturepl.com

图 85 Gary Bell/Oceanwide/www.naturepl.com

图 86 Daniel Heuclin/www.naturepl.com

图 87 Nick Upton/www. naturepl.com

图 88 Mark MacEwen/www.naturepl.com

图 89 Adam White/www.naturepl.com

图 90 Pete Oxford/www.naturepl.com

图 91 Roland Seitre/www.naturepl.com

图 92 Pete Oxford/www.naturepl.com

图 93 Nick Garbutt/www.naturepl.com

图 94 Tui De Roy/www.naturepl.com

图 95 Piotr Naskrecki/www. naturepl.com

图 96 Jack Jeffrey/BIA/www.naturepl.com

图 97 Alex Mustard/2020VISION/www.naturepl. com

图 98 Richard Kirby, Plymouth University, Plymouth, UK/ https://doi.org/10.1073/
pnas.1306732110

图 99 Alex Mustard/www.naturepl.com

图 100 Franco Banfi/www.naturepl.com

图 101 Fred Bavendam/www.naturepl.com

图 102 Brandon Cole/www.naturepl.com

图 103 Sue Daly/www.naturepl.com

图 104 Alex Mustard/ www.naturepl.com

图 105 Solvin Zankl/www.naturepl.com

图 106 Luke Massey/www.naturepl.com

图 107 Georgette Douwma/www.naturepl.com

图 108 Michael Hutchinson/www.naturepl.com

图 109 Laurent Geslin/ www.naturepl.com

图 110 Roland Seitre/www.naturepl.com

图 111 Tom Cabot/ketchup